高职高专**工业机器人技术**专业规划教材

工业机器人
现场编程（ABB）

杨辉静　陈　冬　主　编
石利云　张　华　副主编

化学工业出版社

·北京·

本书主要内容包含工业机器人的现场编程认识、工业机器人硬件系统认识、工业机器人示教器认识、坐标系和I/O通信的认识及设定、工业机器人手动操纵、工业机器人编程基础、简单轨迹示教编程实例和工业机器人典型应用实例。全书以 ABB 工业机器人为研究对象，侧重于实践操作的技能指导。附录中给出了 ABB 机器人的标准 I/O 板、RAPID 程序指令与功能说明、标准系统中使用的安全 I/O 信号以及为了便于查阅使用的操作快捷指南。

为方便教学，本书配套视频、微课、课件等数字资源，视频、微课等通过扫描书中二维码观看学习，教学课件等可登录化学工业出版社教学资源网 www.cipedu.com.cn 免费下载。

本书可作为高职高专院校工业机器人等相关专业教材，并可供相关技术人员参考和培训使用。

图书在版编目（CIP）数据

工业机器人现场编程：ABB / 杨辉静，陈冬主编. —北京：
化学工业出版社，2018.5（2024.2重印）
高职高专工业机器人技术专业规划教材
ISBN 978-7-122-31998-2

Ⅰ. ①工… Ⅱ. ①杨… ②陈… Ⅲ. ①工业机器人-程序设计-
高等职业教育-教材 Ⅳ. ①TP242.2

中国版本图书馆 CIP 数据核字（2018）第 077878 号

责任编辑：韩庆利 文字编辑：张绪瑞
责任校对：吴 静 装帧设计：刘丽华

出版发行：化学工业出版社（北京市东城区青年湖南街 13 号 邮政编码 100011）
印　　刷：三河市航远印刷有限公司
装　　订：三河市宇新装订厂
787mm×1092mm　1/16　印张 12　字数 315 千字　2024 年 2 月北京第 1 版第 5 次印刷

购书咨询：010-64518888 售后服务：010-64518899
网　　址：http://www.cip.com.cn
凡购买本书，如有缺损质量问题，本社销售中心负责调换。

定　　价：32.00 元

　　进入 21 世纪，工业机器人已经成为现代工业必不可少的工具，它标志着工业的现代化程度。制造业是国民经济的主体，是立国之本、兴国之器、强国之基。未来 5～10 年，是全球新一轮科技革命和产业变革从蓄势待发到群体迸发的关键时期。工业机器人是实施自动化生产线、智能制造车间、数字化工厂、智能工厂的重要基础装备之一。高端制造需要工业机器人，产业转型升级也离不开工业机器人。工业机器人与人力相比，具有低成本、高效率、工作时间长以及适应各种恶劣环境的特点。近年来，随着智能制造行业的不断推进和制造业人力成本的不断提升，工业领域"机器换人"成为必然，使用机器人可显著提高生产效率，可以预见制造业对机器人的需求将呈现爆发式增长。展望 21 世纪，机器人将与 20 世纪的计算机一样普及，深入地应用到各个领域。在《中国制造 2025》规划中有一项战略任务：推进信息化与工业化深度融合，其中工业机器人是实现目标的重点领域之一。同时，构建工业机器人产业体系也是"十三五"国家重点战略之一。工业机器人产业将成为拉动我国经济发展的重要力量。

　　工业机器人能通过运行编写好的程序完成各种工作任务，本书主要以 ABB 工业机器人为研究对象，从工业机器人基础操作入手，对工业机器人现场编程调试过程中需要的操作技能、编程指令、编程技能和现场 I/O 通信等进行详细的讲解，并通过实例对相关内容进行实践应用。书中所有实例都经过编者验证，采用细致的逐步教学方法，讲解由浅入深、图文并茂、通俗易懂。

　　通过本书学习内容，学生应该掌握工业机器人基本操作、基本指令、坐标系设定、I/O 接口设定、程序编辑与管理、典型工作站系统的操作编程应用等方面知识，培养工业机器人典型系统安装、操作、编程、调试等方面能力，基本达到培养目标。本书可作为职业院校工业机器人技术及相关专业如机电一体化技术、电气自动化技术等装备制造大类专业的教材，也可供相关技术领域培训机构、工程技术人员使用。

　　全书由河北化工医药职业技术学院的杨辉静、陈冬担任主编，参与本书编写的还有河北化工医药职业技术学院的石利云、石家庄职业技术学院的张华、河北工业职业技术学院的王丽佳、湖南职业技术学院的赵奇，番禺职业技术学院的毕天昊。具体编写如下：赵奇编写第 1 章；毕天昊编写第 2 章；张华编写第 3 章的 3.1～3.3 部分；王丽佳编写第 3 章的 3.4、3.5 部分；石利云编写第 5 章；杨辉静编写第 4 章、第 7 章和第 8 章；陈冬编写第 6 章和第 9 章。杨辉静和陈冬负责本书的整体策划和统稿。本书编写得到了 ABB（中国）有限公司、浙江亚龙教育装备股份有限公司、河北化工医药职业技术学院、石家庄职业技术学院、河北工业职业技术学院、湖南职业技术学院、番禺职业技术学院等单位有关领导、工程技术人员和教师的支持与帮助，在此表示衷心的感谢！

　　为方便教学，本书配套视频、微课、课件等数字资源，视频、微课等通过扫描书中二维码观看学习，教学课件等可登录化学工业出版社教学资源网 www.cipedu.com.cn 免费下载。

　　由于编书工作时间紧迫，作者水平有限，书中难免不足，敬请广大读者提出宝贵意见。

编　者

CONTENTS

目 录

第 1 篇 基础篇

第 2 篇　基本技能篇

第 3 篇　应用篇

第9章　工业机器人典型应用实例　137

附录1　常用的 ABB 标准 I/O 板　166

附录2　RAPID 程序指令与功能说明　172

附录3　标准系统中使用的安全 I/O 信号　179

附录4　操作快捷指南　181

参考文献　183

第1篇 基 础 篇

- 工业机器人的现场编程认识
- 工业机器人示教器认识
- 工业机器人硬件系统认识
- 工业机器人各坐标系的认识及设定

第1章 工业机器人的现场编程认识

学习目标：

1. 了解工业机器人的产生与发展。
2. 知道工业机器人定义。
3. 了解工业机器人常用的编程方式及特点。
4. 了解常用的工业机器人及品牌。
5. 了解常用 ABB 工业机器人型号及应用领域。
6. 知道什么是现场编程。

1.1 工业机器人简介

工业机器人技术是一门跨多个学科的综合性很强的高新技术。工业机器人是典型的机电一体化装置，它不是机械和电子的简单组合，而是机械工程、电子技术、自动控制、检测传感技术、通信技术和计算机的有机融合，可以说是以机械为骨架，电子为血脉，传感器为五感，控制为大脑的模仿人类或动物行为的新型智能化机电装置。

1.1.1 工业机器人产生及发展

工业机器人技术的发展，可以说是工业发展的一个综合性和必然性的结果，同时也是对社会经济发展产生重大影响的一门科学技术。

现代机器人的研究始于 20 世纪中期，最初是为了代替人工在恶劣环境下完成部分劳动而产生，随着科学技术的发展，机器人由于其高可靠性和高效的优势逐渐被用于工业制造。工业机器人最早产生于美国。早在 1947 年，美国原子能委员会的阿尔贡研究所研发了遥控机械手，1948年又研发了机械式的主从机械手。随后，于 1962 年研制出世界上第一台工业机器人。比起日本起步至少早五六年。1965 年，MIT 的 Roborts 演示了第一个具有视觉传感器的、能识别与定位简单积木的机器人系统。1967 年日本成立了人工手研究会（现改名为仿生机构研究会），同年召开了日本首届机器人学术会。1970 年在美国召开了第一届国际工业机器人学术会议。1970年以后，机器人的研究得到迅速广泛的普及。德国的 KUKA Roboter GmbH 公司 1973 年研制开发了 KUKA 的第一台工业机器人。同年，美国最大的机床制造公司 Cincinnati Milacron 制造了第一台由小型计算机控制、液压驱动的工业机器人，能提升的有效负载达 45kg。1974 年，瑞典的 ABB 公司研发了世界上第一台全电控式工业机器人 IRB6，主要应用于工件的取放和物料搬运。1975 年 ABB 公司生产出了第一台焊接机器人。到了 1980 年，工业机器人在日本开始普及发展，被称为日本的"机器人普及元年"。

我国的工业机器人研发之路稍晚于国外，起步于 20 世纪 70 年代初。发展过程可以大致分为三个阶段：70年代的萌芽期，80年代的开发期，90年代的实用化期。到了现在，经过40多年的发展，我国的工业机器人已初具规模。近年来，随着计算机技术、微电子技术及网络技术的快速发展，工业机器人技术也得到了飞速的提升。

> * 不同的国家根据各自的国情和经济发展需求，选择了不同的科技发展战略，对于机器人的研究应用的深度和方向也各不相同。如果你想了解详细的工业机器人产生及发展的历程，可以上网查阅美国、日本和德国等国家工业机器人的发展史。

1.1.2　工业机器人的定义

机器人技术自20世纪中期问世以来，历经多年的发展，工业机器人逐渐走向成熟，但对于工业机器人的定义，至今没有一个统一的意见，世界各国对工业机器人也各有定义。

① 美国工业机器人协会（RIA）的定义：机器人是设计用来搬运物料、部件、工具或专门装置的可重复编程的多功能操作器，并可通过改变程序的方法来完成各种不同任务。

② 美国国家标准局（NBS）的定义：机器人是一种能够进行编程并在自动控制下执行某些操作和移动作业任务的机械装置。

③ 日本工业机器人协会（JIRA）的定义：工业机器人是"一种装备有记忆装置和末端执行器的、能够完成各种移动来代替人类劳动的通用机器"。

④ 德国标准（VDI）中的定义：工业机器人是"具有多自由度的、能进行各种动作的自动机器。它的动作是可以顺序控制的。轴的关节角度或轨迹可以不靠机械调节，而由程序或传感器加以控制。工业机器人具有执行器、工具及制造用的辅助工业，可以完成材料搬运和制造等操作"。

⑤ 国际标准化组织（ISO）的定义："机器人是一种自动的、位置可控的、具有编程能力的多功能机械手，这种机械手具有几个轴，能够借助于可编程序操作来处理各种材料、零件、工具和专用装置，以执行种种任务。"

目前国际上大都遵循ISO所下的定义。总的来说，目前工业上主流应用的工业机器人多是能在人的控制下智能工作，并能完美替代人力在生产线上工作的多关节机械手或多自由度的机器装置。

> * 虽然定义各不相同，但现有的工业机器人，还是有一些共同的特征和要求。第一个特征就是类人的功能，如完成一些动作、进行作业、感知、语音、行走等类人的功能；第二个特征就是支持编程，能自动工作。更多的特征你可以继续发现总结。

1.1.3　工业机器人的发展趋势

工业机器人目前在工业生产中能代替人做某些单调、频繁和重复的长时间作业。工业机器人未来的发展与互联网、人工智能息息相关。机械、电子、控制、传感、新材料等技术的发展都将为机器人提供基础条件，在这些机器人相关支撑技术发展后，再研究融合创新，让机器人继续向互联化、智能化发展。机器人水平高低取决于控制、软件、智能等技术。不能联网的机器人使用会有很大的局限性，同时它的信息更新会跟不上时代的变化。没智能的机器人也只是低端机器人。

我国未来机器人技术重点发展的领域：危险、恶劣环境作业机器人，如防暴、高压带电清扫、星球检测、油汽管道等机器人以及在原子能工业等部门中，完成对人体有害物料的搬运或工艺操作；医用机器人，例如脑外科手术辅助机器人、遥控操作辅助正骨等；仿生机器人，如移动机器人；与互联网相关的机器人，如网络遥控操作机器人等。未来机器人技术主要的发展趋势是智能化、集成化、高可靠性和低成本化，这些概念在很多科学技术的发展里都有体现，在此就不再赘述。

> ＊在工业制造的发展史上，到目前主要历经了三个阶段：手工生产制造、自动化介入的生产制造、工业机器人介入的生产制造。未来，工业机器人与人工智能搭配或将成为制造业领域生产的主力。

1.1.4　工业机器人的发展前景

目前，机器人产业正在全球范围内快速发展。根据国际机器人联合会的研究，2016 年的工业机器人销售额增长 18%，达到创纪录的 131 亿美元。数据显示，目前全世界卖出的机器人有四分之三主要集中于中国、韩国、日本、美国和德国五个国家。每 10 台机器人中有 3 台被中国买走。

随着国内劳动力成本不断上涨，我国制造业劳动力低廉的优势不再，工业转型升级转型迫在眉睫。随着机器人生产成本下降，促使工业机器人市场飞速增长，工业机器人时代来临毋庸置疑。我国从 2013 年以来一直都是工业机器人消费大国。至 2016 年，连续几年成为全球第一大工业机器人消费市场。我国国产工业机器人销售数量仅一年便增长 31% 左右，相比于国外机器人，增长尤为明显，其应用更是延伸至汽车、医疗、教育以及科学考察等领域，大幅提升了我国制造业水平和国民的生活品质。据最新数据显示，2016 年中国工业机器人销售量近 8.5 万台，同比增长 23.9%。2017 年中国工业机器人销量超过 10 万台，而全球机器人销售量超过 45 万台，年均复合增长率接近 23%。

国家政策支持，是加速高新技术产业化的重要前提。"十三五"期间，工业机器人是重点发展对象之一，国内机器人产业正面临加速增长拐点。相对于服务机器人和商用机器人在国内市场还处于探索期，工业机器人有了一定的发展基础，目前正处于全面普及的阶段。

1.2　工业机器人常用的编程方式

工业机器人是一个可编程的机械装置,其功能的灵活性和智能型决定于机器人的编程能力。目前，机器人编程方式一般有三种：机器人语言编程、示教编程、离线编程。现在的机器人，大部分都具有前两种编程方法。示教编程和机器人语言编程协同配合，有时候也被归结为现场编程。

1.2.1　机器人语言编程

机器人语言编程即用专用的机器人语言来描述机器人的动作轨迹，一般和示教编程方式协同使用。它不但能准确地描述机器人的作业动作，而且能描述机器人的现场作业环境，如对传感器状态信息的描述，更进一步还能引入逻辑判断、决策、规划功能及人工智能。机器人编程语言具有良好的通用性，同一种机器人语言可用于不同类型的机器人，也解决了多台机器人协调工作的问题。

当前,机器人语言已成为机器人技术的一个重要部分。机器人的功能除了依靠机器人硬件的支持外,相当一部分依赖机器人语言来完成。随着机器人作业动作的多样化和作业环境的复杂化,必须依靠能适应作业和环境随时变化的机器人语言编程。

各工业机器人公司的机器人编程语言都各不相同,都有自己的编程语言。但是,其关键特性与传统的编程语言都有相似。比如 ABB 的 RAPID 编程语言风格与 C 语言相似;Staubli 机器人的 VAL3 编程语言风格与 Basic 相似;还有 Adept、Fanuc、KUKA、MOTOMAN 等都有专用的编程语言,但大都相似,本质是用底层语言封装过的一些功能接口,方便客户使用和调用。实际工作中,有的还直接用单片机或利用 PLC 控制。实际上,只要掌握了一门语言,有了一定的语言基础,学其他的语言都可以触类旁通。

1.2.2 示教编程

操作者教会机器人工作并编制程序的过程称为"示教编程",是指通过人工示教的方式使机器人完成预期动作的编程方式。示教编程过程为,操作者根据机器人作业的需要把机器人末端执行器送到目标位置,且处于相应的姿态,然后把这一位置所对应的关节角度信息记录到存储器保存,对机器人作业空间的各点重复以上操作,就把整个作业过程记录下来,再通过相应的软件系统,自动生成整个作业过程的程序代码。

(1)手把手示教

人工示教方式又可以分为手把手示教和示教器示教。常见的手把手示教有:由人工导引执行器(常安装于机器人关节结构末端,如吸盘、机械手、焊枪、喷枪等工具);由人工导引机械模拟装置。图 1.1 所示就是操作者操纵安装在机器人手臂内的操纵杆,按规定动作顺序进行人工示教。

(2)示教器示教

示教器示教则是操作者利用示教器上的按钮或操纵摇杆驱动机器人一步一步运动,记录轨迹定位坐标,使机器人完成预期的作业过程,如图 1.2 所示。

图 1.1　手把手示教

图 1.2　示教器示教

示教器属于工业机器人的控制系统硬件,不同品牌和型号及不同的机器人控制系统,示教器的结构和外形各不相同,但主要功能都是用于机器人的操作和编程。如图 1.3 所示。

示教编程的优点是:操作简单,易于掌握,操作者不需要具备专门知识,不需复杂的装置和设备,轨迹修改方便,再现过程快。在一些简单、重复、轨迹或定位精度要求不高的作业中经常被应用,如焊接、堆垛、喷涂及搬运等作业。目前,相当数量的机器人仍采用示教编程方式。机器人示教后可以立即应用，在再现时，机器人重复示教时存入存储器的轨迹和各种操作，如果需要，过程可以重复多次。

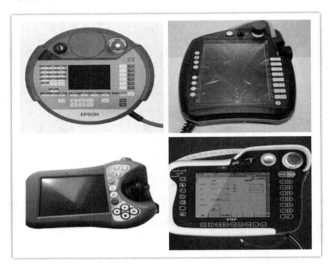

图 1.3　各种型号的示教器

示教编程的缺点为：
① 示教相对于再现所需的时间较长，对复杂的动作和轨迹，示教时间远远超过再现时间。
② 很难示教复杂的运动轨迹及准确度要求高的直线。
③ 示教轨迹的重复性差。
④ 无法接受传感器信息。
⑤ 难以与其他操作或其他机器人操作同步，影响生产效率。

> *第一代机器人：程序固定的机器人，如机械手等不具备传感器反馈信息的机器人。
> 第二代机器人：示教再现型机器人，具有传感器反馈信息的可编程机器人。
> 第三代机器人：智能机器人，具有内部反馈信息，装有各种检测外部环境的传感器，机器人可识别、判断外部条件，对自身的动作做出规划，合理高效地完成作业。
> 　目前在普及第一代工业机器人的基础上，第二代工业机器人为主流安装机型，在工业应用上占统治地位。第三代智能机器人已占有一定比重并成为今后发展的方向。

1.2.3　离线编程

机器人离线编程是利用计算机图形学的成果，建立起机器人及工作环境的几何模型，再利用一些规划算法，通过对图形的控制和操作，在离线的情况下进行轨迹的规划，通过对编程结果进行三维图形的动画仿真，以检验编程的正确性，最后将生成的代码传给机器人控制系统，以控制机器人的运动，完成给定的任务。

机器人的离线编程可以增加安全性，减少机器人不工作的时间和降低成本。机器人离线编程系统是机器人编程语言的拓广，通过该系统可以建立机器人和 CAD/CAM 之间的联系。随着工业机器人产业的飞速发展，机器人离线编程系统正朝着一个智能化、专用化的方向发展，用户操作越来越简单方便，并且能够快速生成控制程序。同时，机器人离线编程技术对机器人的推广应用及其工作效率的提升也有着重要的意义。因此，离线编程技术将得到进一步发展，并与 CAD/CAM、视觉技术、传感技术、互联网、大数据、增强现实等技术深度融合，自动感知、辨识和重构工件加工路径等，实现路径的自动规划、自动纠偏和自适应环境。

作为离线编程系统重要的一部分，离线编程的软件也越来越丰富，功能越来越完善，目前比较常见有 Delmia、RobotWorks、RobotStudio、RobotMaster 等，如图 1.4 所示。

图 1.4　常用的工业机器人离线编程软件

机器人离线编程技术对机器人的推广应用及其工作效率的提升有着重要意义，离线编程可以大幅度节约制造时间，实现机器人的实时仿真，离线编程克服了在线编程的许多缺点，充分利用了计算机的功能，为机器人的编程和调试提供安全灵活的环境，是机器人开发应用的方向。

离线编程的优点是：

① 编程时可以不用机器人，机器人可以进行其他工作。

② 可预先优化操作方案和运行周期时间；可将以前完成的过程或子程序结合到待编程序中去。

③ 可利用传感器探测外部信息。

④ 控制功能中可以包括现有的 CAD 和 CAM 信息，可以预先运行程序来模拟实际动作，从而不会出现危险，利用图形仿真技术可以在屏幕上模拟机器人运动来辅助编程。

⑤ 对于不同的工作目的，只需要替换部分特定的程序。

离线编程的缺点在于缺少能补偿机器人系统误差的功能和坐标系数据难以得到。

1.3　常用工业机器人简介

工业机器人广泛应用于多种领域，适合各种工作。同时随着全球机器人产业的发展，也催生了很多工业机器人的品牌。以下介绍了一些常用的工业机器人应用领域、应用类型和工业机器人品牌。

1.3.1　工业机器人应用的领域

工业机器人常用于工业制造领域,最初应用于汽车及汽车零部件制造领域。随着科学技术的发展，工业机器人的应用范围已扩展到传统制造业如船舶、冶

ABB 工业机
器人的特点
和优势

金、采矿、建筑、铸造和锻造等领域，同时也已开始扩大到了航空、航天、核能、医疗、生化等高科技领域，以及向民用领域如家务、餐饮、仓储、邮政、快递、护理、体育、农业和运输等诸多行业拓展。

我国是工业机器人消费大国，从汽车制造、电子、橡胶塑料、军工、航空制造、食品工业、医药设备与金属制品等领域都有工业机器人的使用。其中汽车工业的应用最多，比例高达38%。广东、江苏、上海、北京等地是我国工业机器人产业主要集中的地区，拥有的工业机器人数量占据全国工业机器人市场的半壁江山。

> *在金属加工、电子、医药等领域，工业机器人常用于代替人工从事繁重、精确、重复或危险的工作。
>
> 在冲压、压力铸造、热处理、焊接、涂装、塑料制品成形、机械加工和简单装配等工序上，工业机器人能代替人做某些单调、频繁和重复的长时间作业。
>
> 在原子能工业等部门或是危险、恶劣环境下的作业，工业机器人能完成对人体有害物料的搬运或工艺操作。
>
> 工业机械人还具有随时根据任务要求改变程序变更作业的优点，可以适应多品种、中小批量生产或混流生产的需求，实现"柔性生产"。

1.3.2 常用的工业机器人

（1）搬运机器人

搬运机器人是可以进行自动化搬运作业的工业机器人，如图1.5所示。搬运作业是指用一种设备握持工件，使其从一个加工位置移到另一个加工位置。搬运机器人可安装不同的末端执行器以完成各种不同形状和状态的工件搬运工作，由此大大减轻了人类繁重的体力劳动。目前世界上使用的搬运机器人被广泛应用于机床上下料、冲压机自动化生产线、自动装配流水线、码垛搬运、集装箱等的自动搬运。部分发达国家已制定出人工搬运的最大限度，超过限度的必须由搬运机器人来完成。

搬运机器人是近代自动控制领域出现的一项高新技术，涉及力学、机械学、液压气压技术、自动控制技术、传感器技术、

图1.5 搬运机器人作业

单片机技术和计算机技术等学科领域，已成为现代机械制造生产体系中的一项重要组成部分。它的优点是可以通过编程完成各种预期的任务，在自身结构和性能上有了人和机器的各自优势，尤其体现出了人工智能和适应性。

（2）焊接机器人

焊接机器人是从事焊接（包括切割与喷涂）的工业机器人，如图1.6所示。根据国际标准化组织（ISO）工业机器人术语标准焊接机器人的定义，工业机器人是一种多用途的、可重复编程的自动控制操作机（Manipulator），具有三个或更多可编程的轴，用于工业自动化领域。为

了适应不同的用途，机器人最后一个轴的机械接口，通常是一个连接法兰，可接装不同工具或称末端执行器。焊接机器人就是在工业机器人的末轴法兰装接焊钳或焊（割）枪，使之能进行焊接、切割或热喷涂。

焊接机器人目前已广泛应用在汽车制造业，汽车底盘、座椅骨架、导轨、消声器以及液力变矩器等焊接，尤其在汽车底盘焊接生产中得到了广泛的应用。

（3）喷涂机器人

喷涂机器人（见图1.7）又叫喷漆机器人，是可进行自动喷漆或喷涂其他涂料的工业机器人，1969年由挪威Trallfa公司（后并入ABB集团）发明。喷漆机器人主要由机器人本体、计算机和相应的控制系统组成，液压驱动的喷漆机器人还包括液压油源，如油泵、油箱和电机等。多采用5个或6个自由度关节式结构，手臂有较大的运动空间，并可做复杂的轨迹运动，其腕部一般有2～3个自由度，可灵活运动。较先进的喷漆机器人腕部采用柔性手腕，既可向各个方向弯曲，又可转动，其动作类似人的手腕，能方便地通过较小的孔伸入工件内部，喷涂其内表面。喷漆机器人一般采用液压驱动，具有动作速度快、防爆性能好等特点，可通过手把手示教或点位示数来实现示教。喷漆机器人广泛用于汽车、仪表、电器、搪瓷等工艺生产部门。

 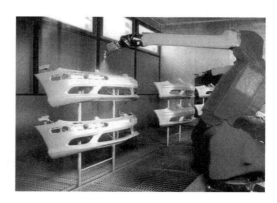

图1.6　焊接机器人作业　　　　　　　　图1.7　喷涂机器人作业

喷涂机器人的主要优点：

① 柔性大，工作范围大大。

② 提高喷涂质量和材料使用率。

③ 易于操作和维护。可离线编程，大大地缩短现场调试时间。

④ 设备利用率高。喷涂机器人的利用率可达90%～95%。

（4）装配机器人

装配机器人是柔性自动化装配系统的核心设备，由机器人操作机、控制器、末端执行器和传感系统组成，如图1.8所示。其中操作机的结构类型有水平关节型、直角坐标型、多关节型和圆柱坐标型等；控制器一般采用多CPU或多级计算机系统，实现运动控制和运动编程；末端执行器为适应不同的装配对象而设计成各种手爪和手腕等；传感系统用来获取装配机器人与环境和装配对象之间相互作用的信息。与一般工业机器人相比，装配机器人具有精度高、柔顺性好、工作范围小、能与其他系统配套使用等特点，主要用于各种电器的制造行业。

装配机器人主要用于各种电器制造（包括家用电器，如电视机、录音机、洗衣机、电冰箱、吸尘器）、小型电机、汽车及其部件、计算机、玩具、机电产品及其组件的装配等方面。

（5）激光加工机器人

激光加工机器人是将机器人技术应用于激光加工中，通过高精度工业机器人实现更加柔性的激光加工作业，如图1.9所示。本系统通过示教器进行在线操作，也可通过离线方式进行编程。该系统通过对加工工件的自动检测，产生加工件的模型，继而生成加工曲线，也可以利用CAD数据直接加工。可用于工件的激光表面处理、打孔、焊接和模具修复等。

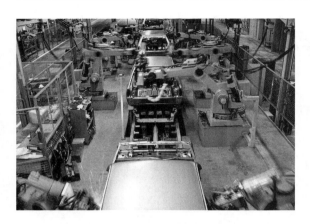

图1.8　装配机器人作业　　　　　　　　　图1.9　激光加工机器人作业

1.3.3　常用的国际工业机器人品牌

纵观全球机器人产业的发展，欧洲在工业机器人和医疗机器人领域居于领先地位；美国擅长于系统集成领域、医疗机器人和国防军工机器人领域；而日本在工业机器人、家用机器人方面优势明显。其中以瑞士ABB、德国库卡、日本FAUNC、日本安川电机组成一般所说的工业机器人"四大家族"，掌握着工业机器人领域的关键核心技术，不仅占有全球50%的市场份额，而且占据中国工业机器人市场70%以上的份额。

（1）瑞士ABB

ABB（Asea Brown Boveri），是一家瑞士-瑞典的跨国公司，专长于重电机、能源、自动化等领域。在全球一百多国设有分公司或办事处。总公司设于瑞士的苏黎世。ABB发明、制造了众多产品和技术，其中包括全球第一套三相输电系统、世界上第一台自冷式变压器、高压直流输电技术和第一台电动工业机器人，并率先将它们投入商业应用。ABB是机器人技术的开拓者和领导者，拥有当今最多种类的机器人产品、技术和服务。目前，ABB机器人业务部的全球装机量已超过30万台，是全球装机量最大的工业机器人供应商。

ABB是迄今唯一一家在华从事工业机器人生产的国际企业。目前，ABB机器人在中国开展了包括制造、研发、销售、工程和服务等全方位的业务活动，拥有领先的市场份额。ABB在济南为中国重型汽车集团建设的国内首条大型机器人全自动化冲压生产线，提升了中国重型卡车的生产水平和制造工艺。ABB机器人业务部在国内研发、制造的产品和系统设备行销全球市场，例如：欧洲沃尔沃汽车发动机生产线、印度TATA汽车机器人弧焊工作站、马来西亚伟创力机器人涂装线等。

（2）德国KUKA

库卡（KUKA，Keller und Knappich Augsburg）机器人有限公司于1995年建立于德国巴伐利亚州的奥格斯堡，是世界领先的工业机器人制造商之一。但库卡公司最早于1898年由Johann Josef Keller和Jakob Knappich在奥格斯堡建立。最初主要专注于室内及城市照明。但此后不久公司就涉足至其他领域（焊接工具及设备，大型容器），1966 年公司成为欧洲市政车辆的市场领导者。1973 年公司研发了其名为 FAMULUS 第一台工业机器人。当时库卡公司属 Quandt 集团旗下，而 Quandt 家族则于 1980 年退出。公司成为一个上市公司。1995 年库卡机器人技术脱离库卡焊接及机器人有限公司独立成立有限公司，与库卡焊接设备有限公司（即后来的库卡系统有限公司），同属于库卡股份公司（前身 IWKA 集团）。现今库卡专注于向工业生产过程提供先进的自动化解决方案。公司主要客户来自汽车制造领域，但在其他工业领域的运用也越来越广泛。包括：系统信息、应用领域、物流运输、食品行业、建筑行业、玻璃制造行业、铸造和锻造业、木材行业、金属加工行业、石材加工等。

（3）日本 FANUC

发那科（FANUC）公司创建于 1956 年，是日本一家专门研究数控系统的公司。1959 年首先推出了电液步进电机，在后来的若干年中逐步发展并完善了以硬件为主的开环数控系统。20 世纪 70 年代，由于微电子技术、功率电子技术，尤其是计算机技术的飞速发展，FANUC 公司毅然舍弃了使其发家的电液步进电机数控产品，从 GETTES 公司引进直流伺服电机制造技术。1976 年 FANUC 公司研制成功数控系统 5，随后又与 SIEMENS 公司联合研制了具有先进水平的数控系统 7，FANUC 公司逐步发展成为世界上最大的专业数控系统生产厂家。

FANUC 公司立足于专业数控系统紧跟时代脚步。1974 年，首台工业机器人问世，FANUC 开始致力于机器人技术上的领先与创新。发展至今，FANUC 目前是世界上唯一一家由机器人来做机器人的公司，是世界上唯一提供集成视觉系统的机器人企业，是世界上唯一一家既提供智能机器人又提供智能机器的公司。FANUC 机器人产品系列多达 240 种，负重从 0.5kg 到 1.35t，广泛应用在装配、搬运、焊接、铸造、喷涂、码垛等不同生产环节，满足客户的不同需求。2008 年 6 月，FANUC 成为世界上第一个装机量突破 20 万台机器人的厂家；2011 年，FANUC 全球机器人装机量已超 25 万台，市场份额稳居第一。

（4）日本安川电机

安川电机（株式会社安川电机，Kabushiki-gaisha Yasukawa Denki）是世界一流的传动产品制造商，主要产品有伺服、变频器、工业开关及机器人，创立于 1915 年，总公司在福冈县的北九州市。安川电机是运动控制领域专业的生产厂商，是日本第一个做伺服电机的公司，其产品以稳定快速著称，性价比高，是全球销售量最大，使用行业最多的伺服品牌。安川多功能机器人莫托曼是以"提供解决方案"为概念，安川电机机器人产品系列在重视客户间交流对话的同时，针对更宽广的需求和多种多样的问题提供最为合适的解决方案，并实行对 FA.CIM 系统的全线支持。至今，安川的机器人应用在从日本国内到世界各国的焊接、搬运、装配、喷涂以及放置在无尘室内的液晶显示器、等离子显示器和半导体制造的搬运搬送等各种各样的产业领域中。

1.3.4　常用的国内工业机器人品牌

近年来在国内政策支持和市场需求的拉动下，我国机器人产业飞速发展，各地智能机器人产业园区（基地）纷纷建设，国内大型企业龙头引领地位凸显，逐步形成了"广沪沈哈"总体市场格局，也孕育出了广州数控、上海新时达、沈阳新松机器人以及芜湖埃夫特被称为"四小家族"的国产机器人生产商。

（1）广州数控

广州数控设备有限公司（GSK）（简称"广州数控"），是国内专业成套机床数控系统供应商。以数控机床系统起家，向下游拓展，进入伺服电机和机器人领域。广州数控逐渐发展为机器人本体制造商，拥有自主研发的机器人控制器，在发展历程上与四大家族里的发那科和安川很接近。产品包括工业机器人、数控系统、伺服驱动、伺服电机研发生产，数控机床连锁营销、机床数控化工程、精密数控注塑机研制等业务，其产品应用于搬运、弧焊、涂胶、切割、喷漆、科研及教学、机床加工上下料等领域。

（2）新时达

新时达机器人有限公司（简称"新时达"）主营业务有三大类：电梯控制产品以及电梯物联网、节能与工业传动类产品、机器人与运动控制类产品。在机器人领域，新时达机器人控制器、驱动器、系统软件平台等技术领先，在机器视觉、离线编程等核心技术等方面有一定的积累与突破。新时达机器人产品用于各种生产线上的焊接、切割、打磨抛光、清洗、上下料、装配、搬运码垛等上下游工艺的多种作业。

（3）新松机器人

沈阳新松机器人自动化股份有限公司（简称"新松"）隶属中国科学院，是沈阳自动化研究所旗下的公司。新松以机器人独有技术为核心，致力于数字化智能高端装备制造。在高端智能装备方面已形成智能物流、自动化成套装备、洁净装备、激光技术装备、轨道交通、节能环保装备、能源装备、特种装备产业群组化发展。新松的机器人产品线涵盖工业机器人、洁净（真空）机器人、移动机器人、特种机器人及智能服务机器人五大系列，产品成功出口到全球 13 个国家和地区。其中工业机器人产品填补多项国内空白，创造了中国机器人产业发展史上 88 项第一的突破。洁净（真空）机器人多次打破国外技术垄断与封锁，大量替代进口；移动机器人产品综合竞争优势在国际上处于领先水平，被美国通用等众多国际知名企业列为重点采购目标；特种机器人在国防重点领域得到批量应用。新松的主要业务是系统集成，它也代理不少其他品牌的机器人，如 ABB 和 KUKA 等。新松也拥有自主研发的机器人，销售最多的是 AGV 物流小车机器人。

（4）埃夫特

芜湖埃夫特智能装备有限公司（简称"埃夫特"）是奇瑞汽车和芜湖市政府联合组建的公司。埃夫特没有自主研发的核心零部件，所有部件全部外购，再在安徽芜湖的工厂进行组装，是一家集科研、生产、销售为一体，并且专业从事工业机器人与成套系统，非标自动化设备设计和制造的高新技术企业。埃夫特比较注重和集成商之间的合作，是专业承制大型物流储运设备、非标生产设备以及汽车行业冲压、焊装、涂装、总装的四大工艺生产线及工业机器人研发和制造的企业。埃夫特作为国内智能制造产业资源潜在整合者，其发展方向为机器人整机产业链。

1.4　ABB 工业机器人常用型号

ABB 是全球领先的工业机器人供应商，提供机器人产品，模块化制造单元及服务。目前ABB 机器人产品在世界范围内已经广泛应用于汽车制造、食品饮料、计算机和消费电子等众多行业的焊接、装配、搬运、喷涂、精加工、包装和码垛等不同的环节，具体的产品型号多种多样，如图 1.10 所示。ABB 工业机器人常见的型号见表 1.1。

ABB 最新
YuMi 机器人

（1）IRB1400（见图 1.11）

① 最大工作半径 1444mm，见图 1.12。

② 最大承载 5kg。

③ 常用于焊接与小范围搬运。

图 1.10 各种型号的 ABB 工业机器人

表 1.1 ABB 工业机器人常见型号

系统	型号一	型号二	型号三	型号四
S4	IRB1400	IRB2400	IRB4400	IRB6400
S4C	IRB1400	IRB2400	IRB4400	IRB5400
S4Cplus	IRB1400	IRB2400	IRB4400	IRB5400

注：1. IRB 指 ABB 标准系列机器人。

2. 第一位数（1，2，4，6）指机器人大小，第二位数（4）指机器人属于 S4、S4C 或 S4Cplus 系统。

3. 无论何种型号机器人都表示机器人本体特性，适用于任何机器人控制系统。

图 1.11 ABB IRB1400 工业机器人

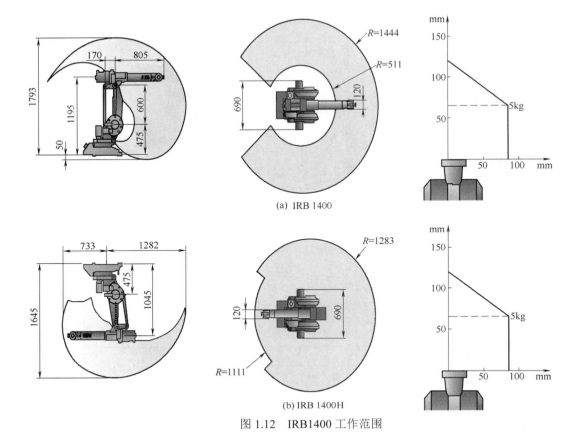

(a) IRB 1400

(b) IRB 1400H

图 1.12   IRB1400 工作范围

（2）IRB2400（见图 1.13）

① 最大承载 5～16kg。

② 最大工作半径 1550～1810mm，见图 1.14。

③ 常用于焊接、搬运、涂刷、切割等。

图 1.13   ABB IRB2400 工业机器人

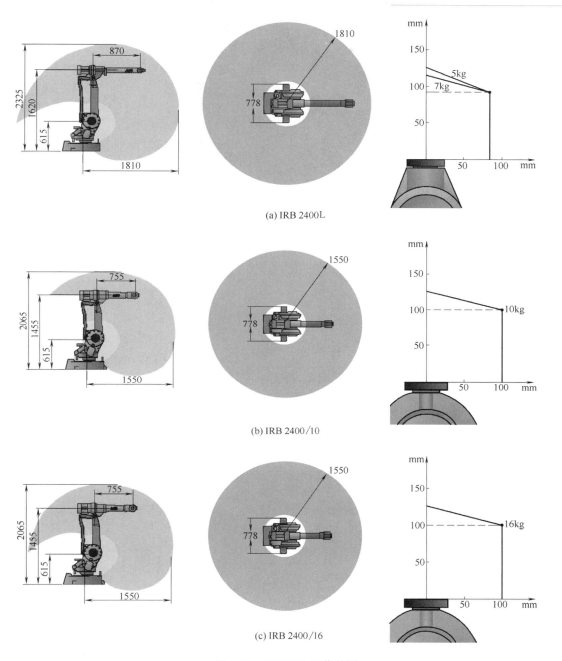

(a) IRB 2400L

(b) IRB 2400/10

(c) IRB 2400/16

图 1.14　IRB2400 工作范围

（3）IRB4400（见图 1.5）

① 最大承载 10～60kg。

② 最大工作半径 1955～2745mm，见图 1.16。

③ 常用于搬运。

④ 机器人类型：IRB 4400/45，IRB 4400F/45，IRB 4400L/30，IRB 4400FS，IRB 4400/60，IRB 4400F/60，IRB 4400FL/30，IRB 4400L/10。

图 1.15 ABB IRB4400 工业机器人

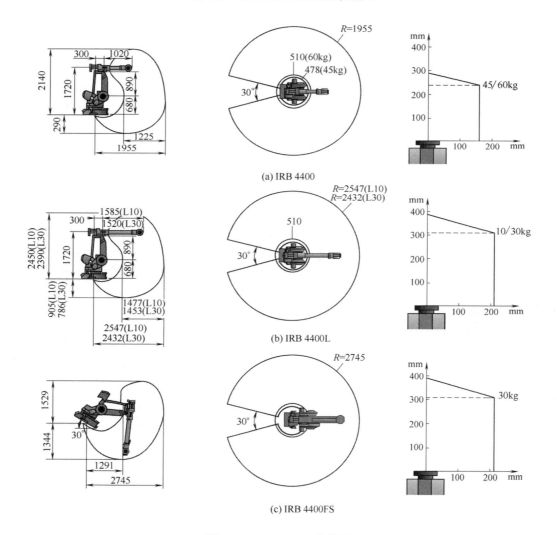

(a) IRB 4400

(b) IRB 4400L

(c) IRB 4400FS

图 1.16 IRB4400 工作范围

（4）IRB6400（见图1.17）

① 最大承载75～200kg。

② 最大工作半径2250～3000mm，见图1.18。

③ 常用于搬运与点焊。

图1.17 ABB IRB6400 工业机器人

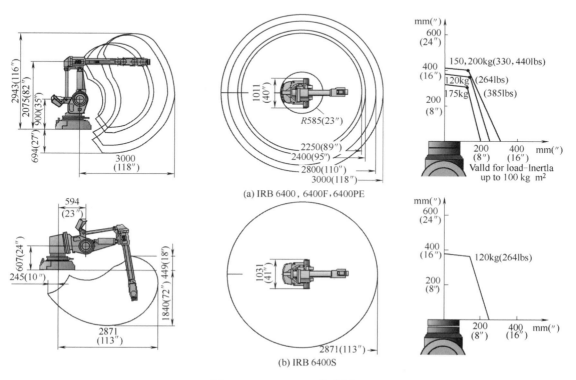

图1.18 IRB6400 工作范围

1.5　现　场　编　程

1.5.1　现场编程的概念

目前，工业上所应用的机器人大多为"示教再现型工业机器人"，又称"示教型机器人"。"示教再现"是示教型机器人多采用的一种编程方式，"示教"就是机器人学习的过程，在这个过程中，操作者教会机器人怎样工作，机器人的操作系统会将作业过程和相关参数记忆下来，并"存储"为作业程序。以后机器人可以调用作业程序完成相同的作业过程，这就是"再现"。示教型机器人通过调用程序就能不断重复再现作业。

不论操作者对机器人的示教使用何种方法，要想让机器人实现人们所期望的动作，必须赋予机器人各种信息，一是机器人动作顺序的信息及外部设备的协调信息；二是与机器人工作时的附加条件信息；三是机器人的位置和姿态信息。前两个方面很大程度上是与机器人要完成的工作以及相关的工艺要求有关；而位置和姿态的示教通常是机器人示教的重点，采用示教器的示教编程方法能较直接地提供机器人的位置和姿态，有利于提高机器人作业精度和控制作业速度，同时操作简单、直观、错误率低，较为常用。因为示教器与机器人要通过线缆连接，而且必须在工作现场编程，所以也称为在线编程或现场编程。所以工业机器人的现场编程一般是指在直接通过示教器或者同时配合使用机器人语言等方式进行程序的编写过程。

1.5.2　现场编程和离线编程的选择

常用机器人离线编程软件介绍

现场编程方式简单易学，适合应用于复杂度低、工件几何形状简单的场合，离线编程方式适合加工任务复杂的场合，比如复杂的空间曲线、曲面等。

现场编程与离线编程并不是对立的，而是互补的存在，一般在不同的应用场景，根据具体情况，选择能提高工作效率、工作质量的编程方式。在实际的具体应用中，现场编程是基础，即使选择离线编程有时还要辅以示教编程，比如对离线编程生成的关键点做进一步示教，以消除零件加工与定位误差。

1.5.3　本书主要内容

本书以机械技术、电气控制技术、传感器技术、工业机器人技术基础等课程为基础，主要讲述工业机器人现场编程涉及的相关知识、技能。内容包含现场编程认识、硬件系统认识、示教器认识、坐标系的认识及设定、IO 通信的认识及设置、编程基础、简单轨迹示教编程、典型应用实例。目的在于培养学生对于工业机器人现场编程及操纵机器人运行的能力，满足工业机器人系统设计、工业机器人编程、工业机器人安装调试等岗位中工业机器人编程、操作能力的需要。

思　考　题

1. 简述工业机器人的产生与发展过程。
2. 简述工业机器人定义。
3. 简述工业机器人常用的编程方式及特点。
4. 常用的工业机器人有哪几种？常用的国际工业机器人品牌有哪些？常用的国内工业机器人品牌有哪些？
5. 常用 ABB 工业机器人型号有哪些？主要应用领域有哪些？
6. 简述什么是现场编程。

第2章 工业机器人硬件系统认识

▶▶▶

学习目标：

1. 了解工业机器人的结构。
2. 了解 ABB 工业机器人的硬件结构及连接。
3. 掌握工业机器人电池更换的方法。
4. 掌握转数计数器的更新方法。
5. 了解工业机器人的安全保护机制。

2.1　工业机器人结构认识

工业机器人是面向工业领域的多关节机械手或多自由度的机器设备，它能够按照程序指令自动执行工作。不管工业机器人是何种品牌，其基本结构都差不多，主要由主体、驱动系统、控制系统和感知系统四个基本部分组成，如图 2.1 所示。

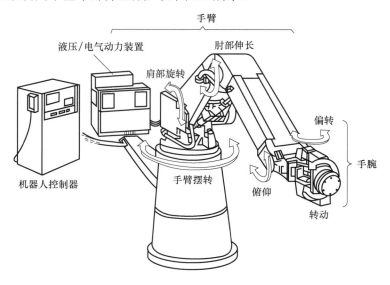

图 2.1　工业机器人的结构

2.1.1　工业机器人的主体

主体即工业机器人的机械系统，作用相当于人的身体（骨骼、手、臂、腿等），包括机身和执行机构。执行机构由臂部、腕部和手部等部分组成，每一部分都有若干自由度的机械系统。此外，有的机器人还有具有行走机构，若具有行走机构则构成行走机器人。若没有行走机构则构成机器人手臂，大多数工业机器人有 3～6 个运动自由度，其中腕部通常有 1～3 个运动自由度。

2.1.2 工业机器人的驱动系统

驱动系统主要是指驱动主体动作的驱动装置，作用相当于人的肌肉。驱动系统包括动力装置和传动机构，用以使执行机构产生相应的动作。驱动系统根据驱动源的不同分为电动、液动、气动以及把它们结合起来应用的综合系统。其中电气驱动在工业机器人中应用的最为广泛，主要分为步进电动机、直流伺服电机和交流伺服电机三种。液压驱动运动平稳，且负载能力大，对于重载的搬运和零件加工机器人，采用液压驱动比较合理。但液压驱动管道复杂，清洁困难，因此在装配作业中的作用受到了限制。无论电气还是液压驱动的机器人，其手爪的开合都采用气动形式。

2.1.3 工业机器人的控制系统

控制系统是按照机器人的作业程序及从传感器反馈的信号，对驱动系统和执行机构发出指令信号并进行控制，以完成特定的工作任务，作用相当于人的大脑。如果机器人不具备信息反馈功能，则该控制系统为开环伺服控制系统；如果机器人具备信息反馈功能且参与控制系统，则该控制系统为闭环伺服控制系统。

工业机器人的控制系统是机器人的重要组成部分，主要由计算机硬件、软件和一些专用电路构成。硬件主要有：控制计算机、示教器、操作面板、硬盘和软盘存储、轴控制器以及各类接口等。软件主要由人与机器人联系的人机交互系统和控制算法等组成，包括：控制器系统软件、机器人专用语言、机器人运动学、动力学软件、机器人控制软件、机器人自诊断、保护功能软件等，用于处理机器人工作过程中的全部信息和控制其全部动作。

控制系统的基本功能有：记忆功能、示教功能、与外围设备联系功能、坐标设置功能、位置伺服功能、故障诊断安全保护功能等。

2.1.4 工业机器人的感知系统

感知系统由内部传感器和外部传感器组成，作用相当于人的感官。主要用于获取机器人内部和外部环境信息，并把这些信息反馈给控制系统。内部状态传感器用于检测各个关节的位置、速度等变量，为闭环伺服控制系统提供反馈信息。外部状态传感器用于检测机器人与周围环境之间的一些状态变量，如距离、接近程度和接触情况等，用于引导机器人，便于其识别物体并作出相应处理。

> * 从第 2 章开始，以后所有的学习都以实践教学为宜，边讲边练能取得更好的学习效果。
> 　这部分的学习建议以实物观察和操作演练为主，让初学者有一个直观的感性认知，认识工业机器人的主要结构。

工业机器人硬
件连接认识

2.2　工业机器人的连接

工业机器人的连接主要涉及控制器与机器人本体两部分，以 ABB 机器人为例，如图 2.2 所示。

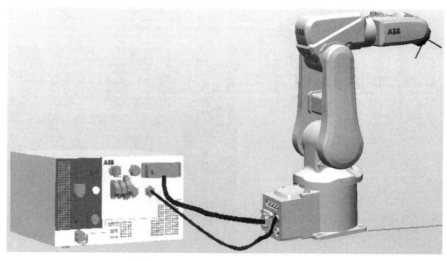

控制器　　　　　　　　　　　机器人本体

图 2.2　工业机器人主要组成部分及连接

2.2.1　机器人控制器 IRC5 简介

控制器是机器人最为关键的零部件之一，相当于机器人的大脑，它根据指令以及传感信息控制机器人来完成一定的动作或作业任务，控制器的好坏直接决定了机器人性能的优劣。从成本构成来看，控制系统占了机器人成本 10%的比例，而控制器则是整个控制系统的核心。

机器人控制器主要由硬件系统、控制软件、输入输出设备、传感器等构成。硬件包括控制器、执行器、伺服驱动器；软件包括人机交互系统界面、各种控制算法。

采用模块化设计的 IRC5 控制器是 ABB 公司推出的第五代机器人控制器，如图 2.3 所示，它标志着机器人控制技术领域的一次最重大的进步与革新。促成这一重大革新的不仅仅是 IRC5 能够通过 MultiMove 这一新功能控制多达四台完全协调运行的机器人，而且还有其具有创新意义的模块化设计，将各种功能进行了逻辑分割，最大程度地降低了模块间的相互依赖性。除此之外，IRC5 控制器的特性还包括：配备完善的通信功能、实现了维护工作量的最小化、具有高可靠性（平均无故障工作时间达 80000h）以及采用创新设计的新型开放式系统、便携式界面装置示教器。

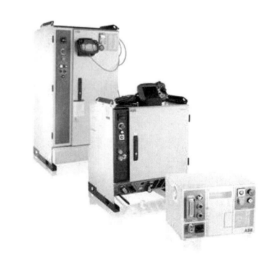

图 2.3　IRC5 控制器

（1）IRC5 控制器面板

机器人控制器与外界联系主要有两部分：控制面板和外部接口。控制面板主要有：总开关、急停按钮、电机开启和指示以及模式选择开关等，如图 2.4 所示；在使用示教器 FlexPendant 控制机器人前，需要先启动机器人，当作业任务完成后也需要关闭机器人，这时都要在控制器的操作面板上操作。外部接口主要有示教器连接接口、机器人驱动接口、机器人控制接口以及 I/O 通信接口等。

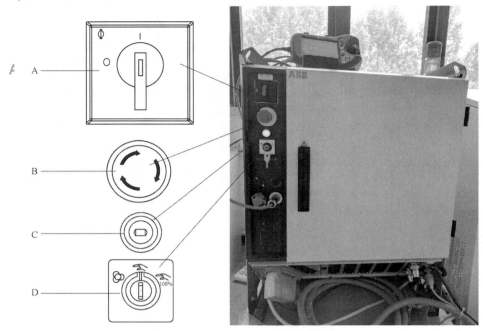

图 2.4　IRC5 控制器面板说明

控制面板上各按钮或旋钮的功能说明如下。

A：主电源开关。系统主电源的开启 / 关闭，开启 ON（"1"位）/ 关闭 OFF（"0"位）。

B：紧急停止按钮。按下可使机器人进入紧急停止状态，沿顺时针方向旋转直至按钮弹起可解除紧急停止状态。

C：电机开启控制按钮，带有指示灯。可开启电机及电机不同状态的信息指示：

① 当机器人处于自动模式时，按下按钮可以控制电机开启（指示灯亮）。指示灯常亮，机器人已上电，待命状态。

② 当机器人处于手动模式时，按下按钮可以使电机处于待机状态。指示灯闪烁（1Hz），机器人未上电。

③ 指示灯急促闪烁（4Hz），机器人未同步。

D：模式开关。可通过钥匙或旋钮切换机器人的工作模式，从左至右依次是：

① 自动模式：用于正式生产，编辑程序功能被锁定。

② 手动减速模式：速度 <250mm/s，用于机器人编程测试。

③ 手动全速模式：只允许专业人员在测试程序时使用。一般情况下，避免使用这种运动模式（选配项）。

（2）IRC5 控制柜接口

IRC5 控制柜的接口及说明见图 2.5，具体实物接口接线见图 2.6。

2.2.2　控制器与机器人本体的连接

由图 2.2 可知，控制器与机器人本体之间由两条电缆连接，分别是主电缆（电动机动力）、转数计数器电缆。

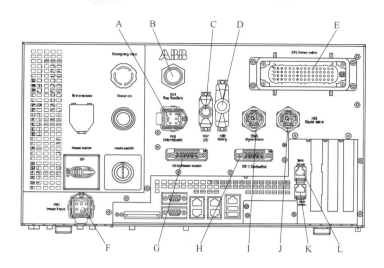

标号	说明
A	附加轴,电源电缆连接器
B	FlexPendant 连接器
C	I/O 连接器
D	安全连接器
E	电源电缆连接器
F	电源输入连接器
G	电源连接器
H	DeviceNet 连接器
I	信号电缆连接器
J	信号电缆连接器
K	轴选择器连接器
L	附加轴,信号电缆连接器(不能用于此版本)

图 2.5 IRC5 控制柜的接口及说明

图 2.6 IRC5 控制柜的实物接口接线

（1）主电缆的连接

主电缆在控制器与机器人本体的连接接头分别如图 2.7 和图 2.8 所示。

图 2.7　控制器上的主电缆接头　　　　图 2.8　机器人本体上的主电缆接头

（2）转数计数器电缆的连接

转数计数器电缆在控制器与机器人本体的连接接头分别如图 2.9 和图 2.10 所示。

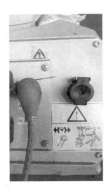

图 2.9　控制器上的转数计数器电缆接头　　图 2.10　机器人本体上的转数计数器电缆接头

2.2.3　控制器上的其他电缆连接

控制器上连接的还有电源电缆和示教器电缆，分别如图 2.11 和图 2.12 所示。可以用示教器或位于控制器上的操作面板来控制机器人。

图 2.11　控制器上的 220V 电源电缆接头　　图 2.12　控制器上的示教器电缆接头

* 这部分内容的学习在现场进行实践教学时，注意观察各设备的接头和接口以及设备间的连接。

2.3 工业机器人电池的更换

工业机器人电池的更换与校准练习

ABB 机器人在关掉控制器主电源后，六个轴的位置数据是由电池提供电能进行保存的，所以在电池即将耗尽之前，需要对其进行更换，否则，每次主电源断电后再次通电，就要进行机器人转数计数器更新的操作。机器人配备的是锂电池或者是可再充电的镍镉电池，安装在如图 2.13 所示的盖板下，电池的位置如图 2.13 所示。

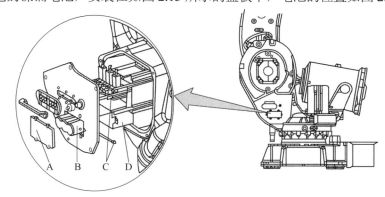

图 2.13 电池所在位置

A—电池盖；B—电池；C—电池连接线；D—电池架

电池更换步骤：
① 首先关闭总电源，再关闭控制柜电源，即将操作模式旋至"0"位。
② 旋开 4 个螺钉，打开电池盖板。
③ 松开电池与 SMB 板连接的接线端子，并移开固定电池的 4 个螺钉。
④ 取出旧电池，换上新电池并连接好接线端子。
⑤ 重新将电池盖板装回后，便可打开总电源，进行后续操作。

*注意：废弃电池必须作为危险废品处理且不能当做充电电池使用。各个型号的机器人电池的位置会有所不同，操作前需阅读机器人说明书。

2.4 转数计数器的更新

转数计数器的更新练习

2.4.1 关节轴机械原点的位置

ABB 机器人有六个伺服电机驱动六个关节轴，如图 2.14 所示。

每个关节轴都有一个机械原点的位置。机器人六个轴的机械原点刻度位置如图 2.15 所示。其中，轴 1～轴 5 的刻度标志为一凹线，轴 6 的刻度标志为一个点，操作时，应使刻度对齐相应凹槽的中心。

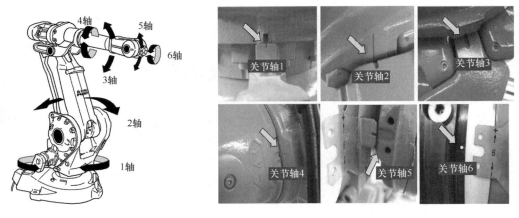

图 2.14　ABB 工业机器人的六个关节轴　　　　　图 2.15　各轴机械原点刻度位置

*各个型号的机器人机械原点刻度标识及位置会有所不同，操作前需查阅机器人说明书。

2.4.2　何时需要更新转数计数器

在以下的情况，需要对机械原点的位置进行转数计数器更新操作：
① 更换伺服电机转数计数器电池后；
② 当转数计数器发生故障，修复后；
③ 转数计数器与测量板之间断开过以后；
④ 断电后，机器人关节轴发生了移动；
⑤ 当系统报警提示"10036 转数计数器未更新"时。

2.4.3　转数计数器更新方法

更新转数计数器前，应使用手动操纵模式（参阅本书 5.2 节），使机器人每个轴都回到机械原点刻度位置。在手动操纵机器人单轴运动时，一般按照 4—5—6—1—2—3 的顺序进行，因为如机器人的轴 1、轴 2、轴 3 先回到机械原点刻度位置，轴 4、轴 5、轴 6 就提升到了一个很高的位置，不便于查看。

转数计数器更新操作步骤如下。

操作过程	示教器界面显示	备注
1. 点击左上角的"主菜单"		

续表

操作过程	示教器界面显示	备注
2. 点击"手动操纵"	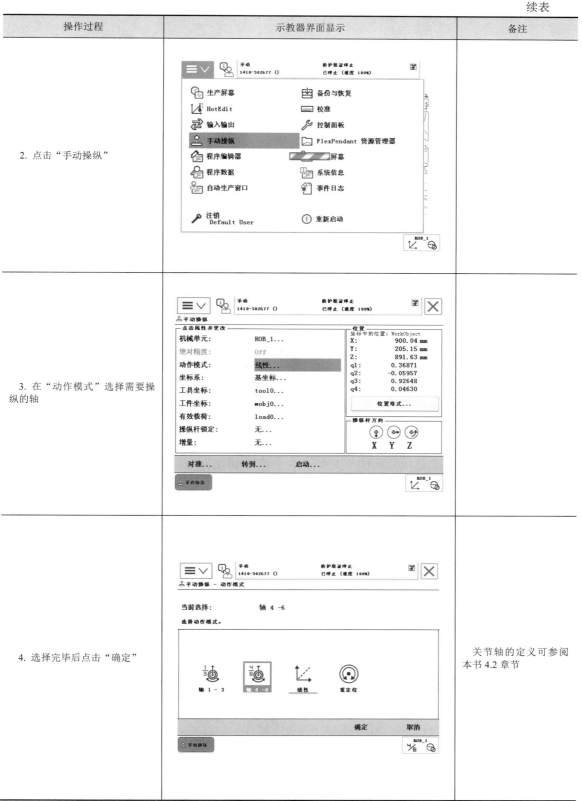	
3. 在"动作模式"选择需要操纵的轴		
4. 选择完毕后点击"确定"		关节轴的定义可参阅本书 4.2 章节

续表

操作过程	示教器界面显示	备注
5. 此时显示为"轴4-6" 6. 操纵示教器上的摇杆使每个关节轴按 4→5→6 的顺序逐一回到机械原点刻度位置 7. 切换"动作模式"为"轴1-3" 8. 操纵摇杆使关节轴按 1→2→3 的顺序逐一回到机械原点刻度位置 9. 机器人各轴回到机械原点刻度位置后，就可进行校准更新	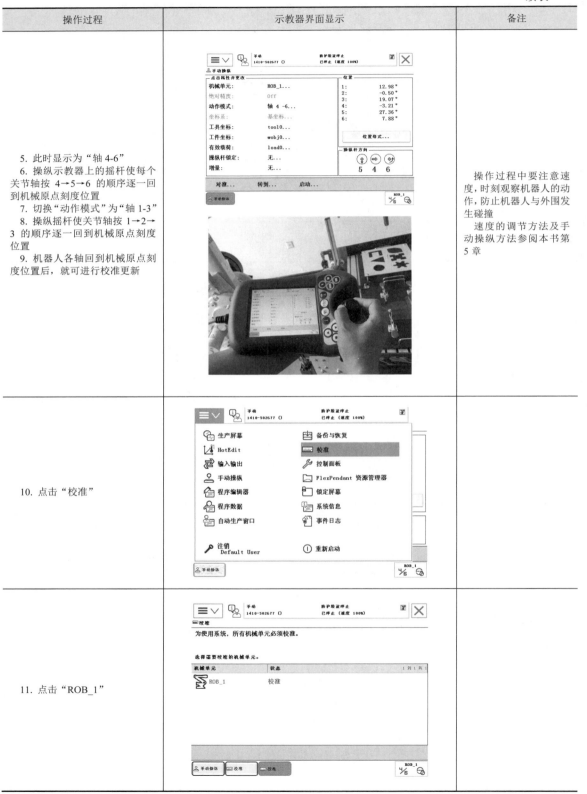	操作过程中要注意速度，时刻观察机器人的动作，防止机器人与外围发生碰撞 速度的调节方法及手动操纵方法参阅本书第5章
10. 点击"校准"		
11. 点击"ROB_1"		

续表

操作过程	示教器界面显示	备注
12. 选择"校准参数" 13. 再选择"编辑电机校准偏移"	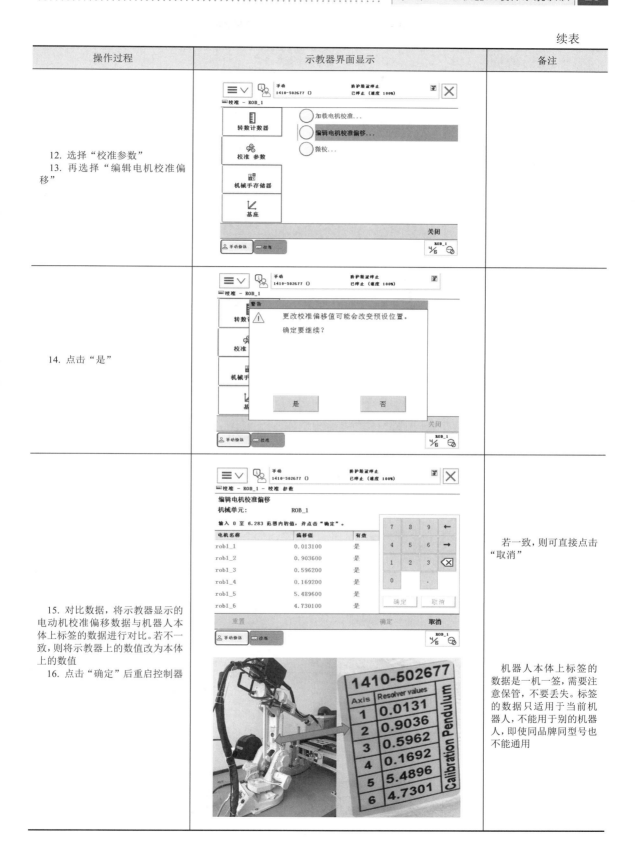	
14. 点击"是"		
15. 对比数据，将示教器显示的电动机校准偏移数据与机器人本体上标签的数据进行对比。若不一致，则将示教器上的数值改为本体上的数值 16. 点击"确定"后重启控制器		若一致，则可直接点击"取消" 机器人本体上标签的数据是一机一签，需要注意保管，不要丢失。标签的数据只适用于当前机器人，不能用于别的机器人，即使同品牌同型号也不能通用

续表

操作过程	示教器界面显示	备注
17. 选择"转数计数器" 18. 再选择"更新转数计数器"	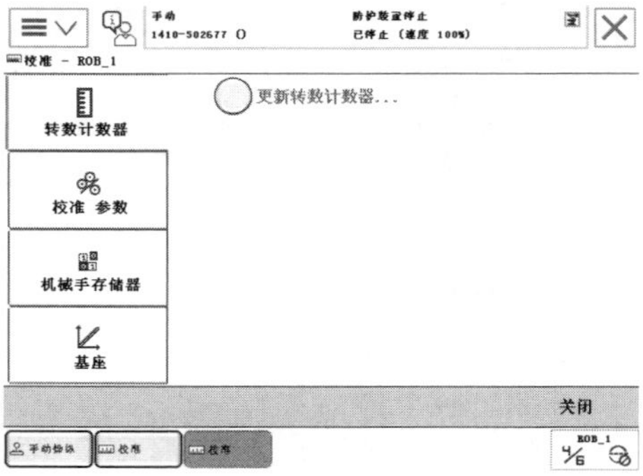	
19. 点击"是"		
20. 选择"ROB_1" 21. 点击"确定"	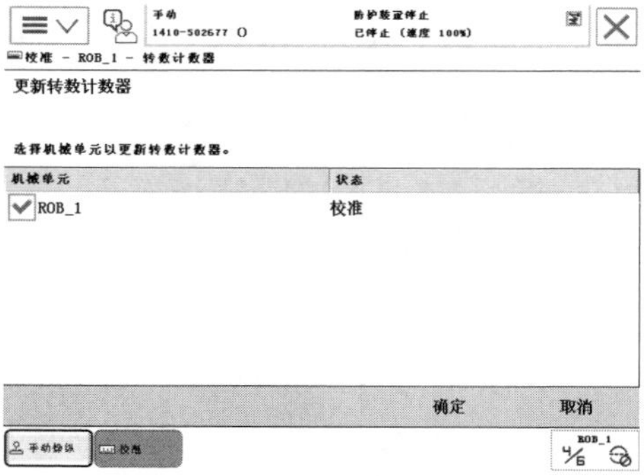	
22. 点击"全选"	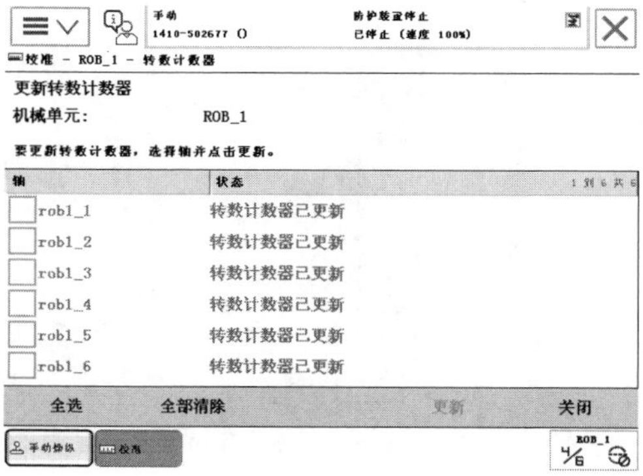	

续表

操作过程	示教器界面显示	备注
23. 点击"更新"	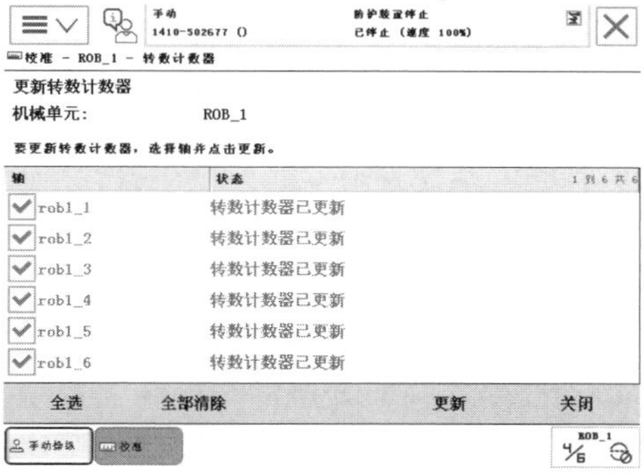	
24. 点击"更新"，然后等待完成校准程序	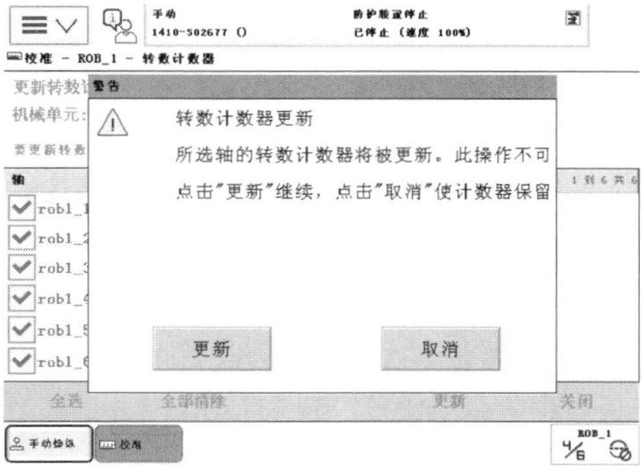	
25. 点击"确定"		
26. 轴的状态为"转数计数器已更新"	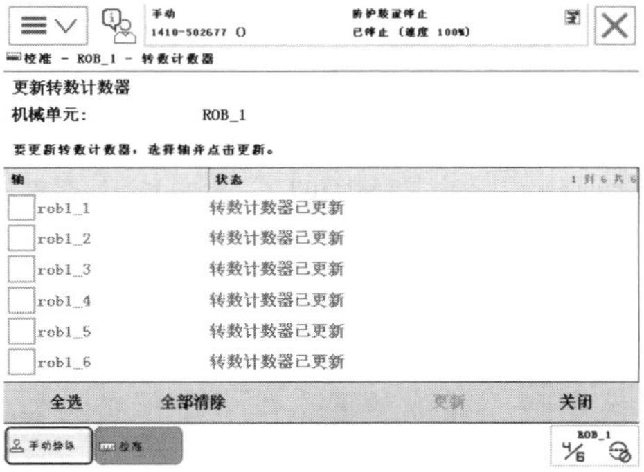	

通过以上操作，就可以完成机器人转数计数器的更新操作，然后关闭窗口，即可进行其他操作了。

工业机器人安全
保护机制认识

2.5　工业机器人的安全保护机制

2.5.1　紧急停止 ES

紧急停止是一种超越其他任何操纵器控制的状态，断开驱动电源与操纵器电机的连接，停止所有运动部件，并断开电源与操纵器系统控制的任何可能存在危险功能的连接。紧急停止状态意味着所有电源都要与操纵器断开连接，手动制动闸释放电路除外。必须执行恢复步骤，即重置紧急停止按钮并按电机开启按钮，才能返回至正常操作。

（1）注意事项

① 紧急停止功能只能用于其特定用途及已定条件。

② 紧急停止功能用于在遇到紧急状况时立即停止设备。

③ 紧急停止不得用于正常的程序停止，因为可能会造成操纵器额外的不必要磨损。

（2）紧急停止设备

在操纵器系统中，有多个可运行以实现紧急停止的紧急停止装置。示教器和控制器机柜上有紧急停止按钮，操纵器中也有其他类型的紧急停止（详阅本书 3.1 章节）。

2.5.2　安全停止

安全停止意味着仅断开操纵器电机的电源。因此不需要执行恢复步骤。只需重新连接电机电源，就可以从安全停止状态返回正常操作。安全停止也称为保护性停止。

（1）注意事项

① 安全停止功能只能用于其特定用途及已定条件。

② 安全停止不得用于正常的程序停止，因为可能会造成操纵器额外的不必要磨损。

（2）安全停止的类型

① 自动模式停止 AS：在自动模式中断开驱动电源。在手动模式中，这个输入是不活动的。

② 常规停止 GS：在所有操作模式中断开驱动电源。

③ 上级停止 SS：在所有操作模式中断开驱动电源。用于外部设备。

2.5.3　安全保护

实际操作中，有些危险不能合理地消除或不能通过设计完全排除，安全保护就是借助保护装置使作业人员远离这些危险。某些安全保护机制（如光幕）激活时，保护装置可通过以受控方式停止操纵器来防止危险情形，可通过将保护装置连接到操纵器控制器上的任何安全停止输入来实现。每个现有保护装置都具有互锁装置，激活这些装置时将停止操纵器。操纵器单元门包含互锁，在打开单元门时该互锁将停止操纵器。恢复正常操作的唯一方法是关闭单元门。

安全保护空间指的是保护装置的保护范围。例如，操纵器单元由单元门及其互锁装置进行安全保护。

安全保护机制包含许多串联的保护装置。当一个保护装置启动时，保护链断开，此时不论保护链其他部分的保护装置状态如何，机器都会停止运行。

思　考　题

1. 工业机器人由哪些部分组成？各自起什么作用？
2. 什么是机器人控制器？控制器在工业机器人中起什么作用？
3. 说明 IRC5 控制柜控制面板上各按钮或旋钮的功能。
4. 何时需要更新转数计数器？为什么？
5. 工业机器人控制器的功能主要有哪些？
6. 工业机器人的安全保护机制有哪些？

实　践　练　习

1. 熟悉 RC5 控制柜控制面板上各按钮或旋钮的功能。
2. 会对工业机器人电池进行更换。
3. 练习更新转数计数器。

第3章 工业机器人示教器认识

学习目标：

1. 了解 ABB 机器人示教器 FlexPendant 的结构、各部分功能及使用方法。
2. 了解示教器的界面操作。
3. 掌握使能器按钮的使用方法。
4. 掌握机器人正确的启动和停止的方法。
5. 掌握示教器操作环境的配置。
6. 掌握数据的备份与修复。

示教器（示教盒/仪）又叫示教编程器，是机器人与人的交互接口，是由电缆与机器人控制系统相连接的手持式操作设备。示教器具有很多功能如连接机器人控制系统、机器人手动操纵、编辑和运行程序、参数配置以及监控等，也是最常用的机器人控制装置。在示教过程中示教器将控制机器人的全部动作，并将其全部信息送入控制器的存储器中，实质就是一个专用的智能终端。

示教器结构
说明

3.1 示教器结构认识及使用方法

3.1.1 示教器（FlexPendant）的功能特点

ABB 机器人示教器 FlexPendant（或称为 TPU/教导器单元）由硬件（如按钮、操纵摇杆）和软件组成，通过集成电缆和连接器与控制器连接。其本身就是一成套完整的计算机，拥有强大的定制应用支持功能，用于处理与机器人系统操作相关的功能，如生成、运行和编辑程序，移动操纵控制等。作为 IRC5 机器人控制器的主要部件，FlexPendant 具有简洁明了、直观互动的彩色触摸屏和三维操纵杆为设计特色，以人为本的设计，没有繁复的按钮，且触摸屏具有易于清洁、防水、防油、防溅锡等优点，可在恶劣的工业环境下持续运作，可加载自定义的操作屏幕等要件，可以像使用平板电脑一样轻易操作，无需另设工作站人机界面。

3.1.2 示教器（FlexPendant）结构认识

FlexPendant 的外形和主要组成部件如图 3.1 所示。

3.1.3 FlexPendant 按键功能

FlexPendant 的右侧各按键的功能如图 3.2 所示。

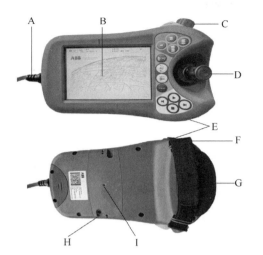

部件	功能说明
A	连接器，连接电缆
B	触摸屏
C	紧急停止按钮
D	手动操纵摇杆
E	USB端口（备份数据）
F	手执安全皮带
G	使能器按钮
H	触摸屏用笔
I	重置按钮

图3.1 Flex Pendant的外形和主要组成部件

示教器右侧按
键功能说明

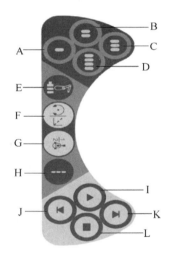

按键	功能说明
A～D	预设按键
E	选择机械单元（机器人/外轴的切换）
F	切换运动模式（重定位/线性运动的切换）
G	切换运动模式（关节轴1～关节轴3/轴4～轴6的切换）
H	运动增量切换：调节机器人移动速度
I	启动按钮（START）：开始执行程序
J	步进按钮（Step FORWARD）：步进执行程序，每次按下此按钮，可使程序向前进一条指令
K	步退按钮（Step BACKWARD）：步退执行程序，每次按下此按钮，可使程序向后退一条指令
L	停止按钮（STOP）：停止执行程序

图3.2 FlexPendant右侧各按键功能

3.1.4 触摸屏组件

FlexPendant触摸屏的各主要元素如图3.3所示。

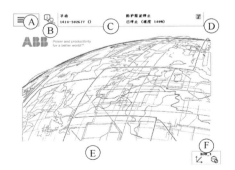

元素	功能说明
A	主菜单
B	操作员窗口
C	状态栏
D	关闭按钮
E	任务栏
F	快速设置菜单

图3.3 FlexPendant触摸屏的主要元素

触摸屏组件
说明

各元素的功能说明如下。

（1）主菜单

可以从菜单中选择如图3.4所示项目。

（2）操作员窗口

操作员窗口显示来自机器人程序的消息。程序需要操作员作出某种响应以便继续时会出现情况。

图3.4　主菜单项目

（3）状态栏

状态栏显示与系统状态有关的重要信息，如操作模式、机器人型号、电机开启/关闭、程序状态等。

（4）关闭按钮

点击关闭按钮将关闭当前打开的视图或应用程序。

（5）任务栏

通过主菜单，可以打开多个视图，但一次只能操作一个。任务栏显示所有打开的视图，并可用于视图切换。

（6）快速设置菜单

快速设置菜单包含对微动控制和程序执行进行的设置。

3.1.5　示教器的使用方法

使用示教器FlexPendant时，为了便于现场操作，通常需要手持设备实时操作。FlexPendant是按照人体工程学设计的，习惯右手在触摸屏上操作的人员通常左手持设备，出厂的默认设置为左手操作。习惯左手在触摸屏上操作的人员可以轻松地更改为右手手持设备操作，同时也能将触摸屏显示方式旋转180°。

手持FlexPendant时，如图3.5所示，手执的那个手掌整个托起设备，同时除大拇指外的四指穿过安全皮带轻放在使能器按钮上，这样就能轻松地把示教器放在手掌上，然后另一只手可以进行屏幕和按钮的操作。这样在需要时，就可以一手按使能器按钮，另一只手操作按键或控制摇杆控制机器人运动。

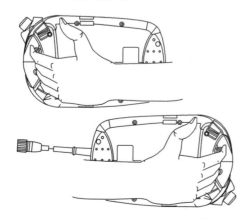
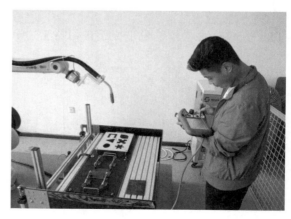

图3.5　示教器使用方法示意

3.1.6 使能器按钮的使用方法

使能器按钮（使能键）也称使动装置，是示教器工业机器人为保护操作人员人身安全设置的，只有在按下使能器按钮，并使机器人处于"电机开启"的状态，才能对机器人进行手动操作和程序调试。

（1）使能器按钮的位置

使能器按钮位于手动操作摇杆的右侧，见图3.1。

（2）使能器按钮的使用方法

使能器按钮很特别，是一个手动操作时需要持续按下的按键。操作者需要正确手执示教器，手执设备那一只手的四个手指穿过安全皮带轻放在使能器按钮上进行操作。使能器按钮的操作有三个状态：按下一半、完全松开和完全按下，必须将按键按下一半才能启动机器人电机；在完全松开和完全按下，机器人都会处于防护装置停止状态，无法执行操作。因为在紧急情况或发生危险时，人会本能地将使能器按钮松开或按紧，此时机器人会马上停止，保证安全。

3.2 机器人的启动和关闭

示教器 FlexPendant 所有元素都了解之后，就可以对其进行操作设置、控制机器人运动，而在此之前需要先开启机器人。当作业任务完成后，不再需要继续作业时，就可以关闭机器人。

3.2.1 机器人的启动

（1）启动前准备工作

启动机器人之前，需要确认以下条件是否满足。

① IRC5 机器人控制器已接通 AC220V 电源。

② 机器人的伺服电缆、编码器电缆连接到机器人本体和控制器的指定端口。

③ 示教器连接电缆连接到控制器的示教器端口。

④ 机器人控制器、示教器上的急停按钮处于松开状态。

⑤ 机器人周围的防护区内无人（出于人员安全角度，很重要，一定要确认）。

（2）机器人的启动方法

机器人的启动步骤如下。

操作过程	示教器界面显示	备注
1. 确认上述条件没有问题 2. 开启总电源 3. 开启机器人主电源，即将主电源开关由"0 OFF"旋至"1 ON"位		

> ＊ 开机后，机器人系统会自动检查机器人硬件，当检查完成且没有发现故障，将在显示屏上显示开机信息。系统启动完成后就可以进行操作了。

3.2.2 机器人的关闭

（1）关闭前准备工作

当机器人关闭时，所有的输出信号都将因关机而消失，有可能影响夹具和外围设备，夹具上的工件可能掉下来。因此，为避免发生意外，在关闭机器人之前，需要确认以下条件是否满足。

① 确定工作区内没有人员和设备。

② 释放当前夹具正夹持的工件。

③ 停止所有正在运行的程序。

（2）机器人的关闭方法

使用控制器上主电源开关转到"0 OFF"位关闭。系统关闭后，再关闭总电源开关。

> ＊机器人的存储器由于有后备电池，所以不会受关机的影响。一般情况下，为了保证后备电池的寿命，除非停电最好不要关机。

3.3 操作环境个性化配置

3.3.1 示教器显示语言的设置

示教器出厂时，默认的显示语言多为英语。为了便于操作，可以更改当前安装的语言，一次最多支持三种语言。选择特定语言设定完成后，所有按钮、菜单和对话框都将以新语言显示，指令、变量、系统参数和 I/O 信号不受影响。更改 FlexPendant 语言的操作步骤如下。

操作过程	示教器界面显示	备注
1. 在"主菜单"中点击"控制面板"		

续表

操作过程	示教器界面显示	备注
2. 点击"语言"。显示一个包含所有已安装语言的列表	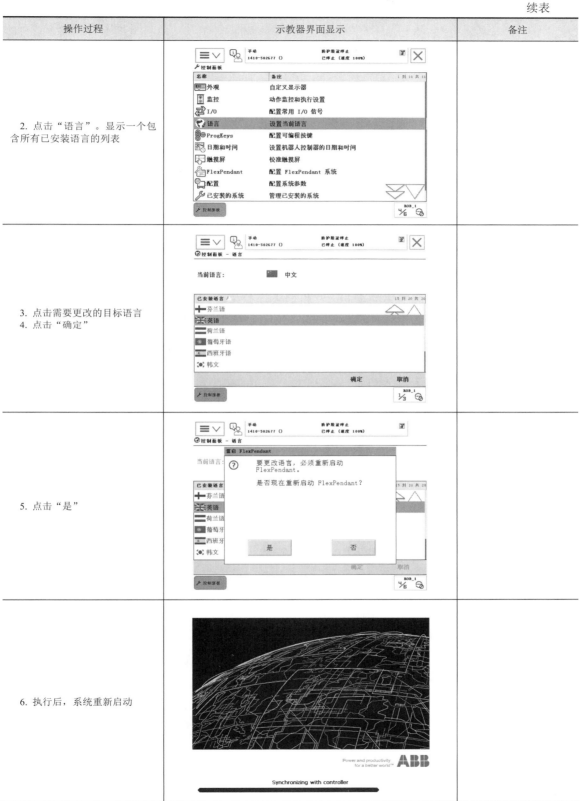	
3. 点击需要更改的目标语言 4. 点击"确定"		
5. 点击"是"		
6. 执行后，系统重新启动		

续表

操作过程	示教器界面显示	备注
7. 系统重新启动完成后，所有按钮、菜单和对话框都将以新语言显示		

3.3.2 系统时间和日期的设置

为了便于文件的管理和故障的查阅，在机器人运行之前，通常需要将系统时间设定为本地区的时间，日期和时间总是按照 ISO 标准显示，即：年-月-日和小时：分钟，时间模式采用 24 小时制。控制器系统时钟的设置方法如下。

操作过程	示教器界面显示	备注
1. 在"主菜单"中点击"控制面板" 2. 点击"日期和时间"		
3. 设置使用时间和日期		

续表

操作过程	示教器界面显示	备注
4. 通过下拉菜单选择时区 5. 点击相应的"+"或"−"按钮更改日期或时间	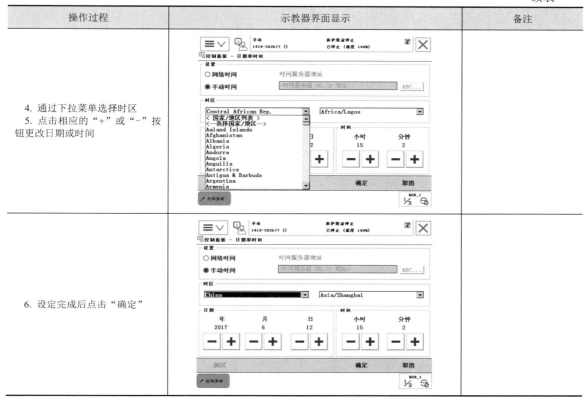	
6. 设定完成后点击"确定"		

3.4　数据的备份与恢复

系统应用软件的不完整，将使机器人发生故障后的恢复十分困难！一定要对每台机器人做好系统备份！

3.4.1　备份系统

（1）备份内容

执行备份时，仅能处理正在系统内存运行的数据。备份功能可将相关系统参数、系统模块和程序模块等数据，保存到目录 BACKUP（根目录）中。该目录分为四个子目录：BACKINFO、HOME、RAPID 和 SYSPAR，每个子目录下又有下级目录或文件，如图 3.6 所示。

备份过程中有些东西不会保存：环境变量 RELEASE。使用 RELEASE 加载的系统模块，作为它的路径，不会保存在备份中。已安装模块中的 PERS 对象的当前值不会保存在备份中。如果需要就得单独保存这些东西。

（2）备份时机

一般在以下时间执行备份：

① 安装新 RobotWare 之前；

② 对指令和/或参数进行重要更改之前；

③ 对指令和/或参数进行重要更改并成功，且对新设置进行测试之后。

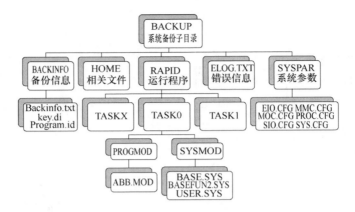

图 3.6　BACKUP 根目录中所含子目录和文件示意图

（3）备份步骤

备份的操作步骤如下。

操作过程	示教器界面显示	备注
1. 在"主菜单"中点击"备份与恢复"。进入备份与恢复界面 2. 点击"备份当前系统"	备份当前系统…　　恢复系统…	
3. 这样就创建了一个按照当前日期命名的备份文件夹 4. 确认备份路径后，点击"备份"	所有模块和系统参数均保存于备份文件夹中。选择其它文件夹或接受默认文件夹。然后按一下"备份"。 备份文件夹： 1410-502677_Backup_20170612　　ABC… 备份路径： /hd0a/BACKUP/　　… 备份将创建在： /hd0a/BACKUP/1410-502677_Backup_20170612/ 备份　取消	保存备份的位置： 1. 屏幕显示默认路径 2. 可以通过点击备份路径右侧的"…"更改路径
5. 等待备份完成 6. 回到备份与恢复界面，备份完成	创建备份，请等待！	

3.4.2　恢复系统

（1）恢复系统的意义

备份系统后，可以在需要的时候选择恢复系统。将先前保存的存储内容重新引入机器人控制器被称为"执行恢复"。在执行恢复后，所有系统参数都会被取代，同时还会加载备份目录中的所有模块。HOME 目录将在热启动过程中复制到新系统的 HOME 目录。

（2）恢复系统时机

一般在以下情况下执行恢复：

① 如果怀疑程序文件已损坏。

② 如果对指令和/或参数设置所作的任何更改并不理想，且打算恢复为先前的设置。

（3）恢复系统步骤

恢复系统步骤如下。

操作过程	示教器界面显示	备注
1. 在"主菜单"中点击"备份与恢复"。进入备份与恢复界面 2. 点击"恢复系统" 3. 屏幕显示备份文件路径 4. 点击备份文件夹右侧的"…" 5. 选择需要恢复的备份文件		

续表

操作过程	示教器界面显示	备注
6. 点击"恢复"执行恢复	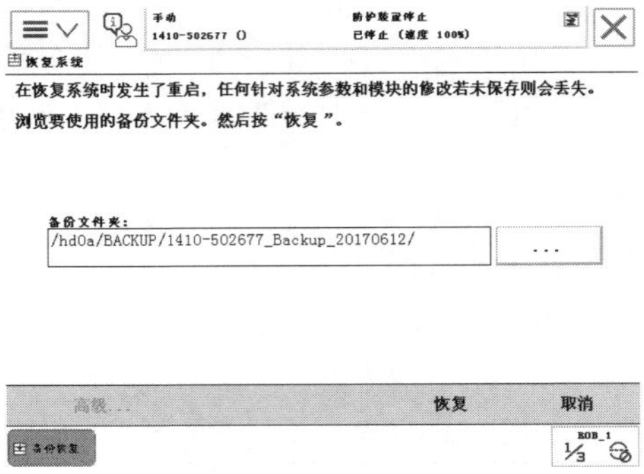	
7. 点击"是"	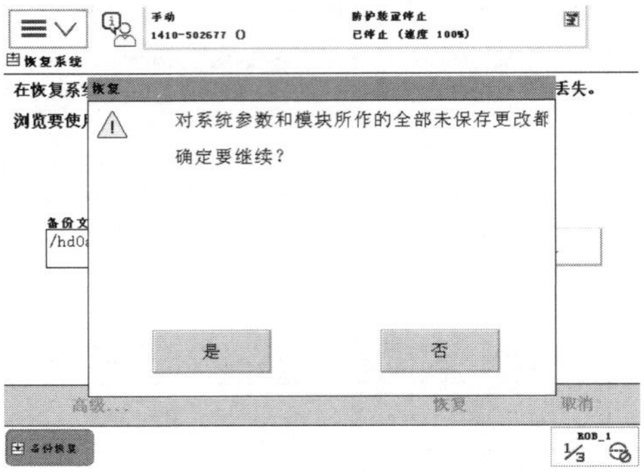	
8. 等待恢复完成 9. 恢复执行后，系统会自动重启动	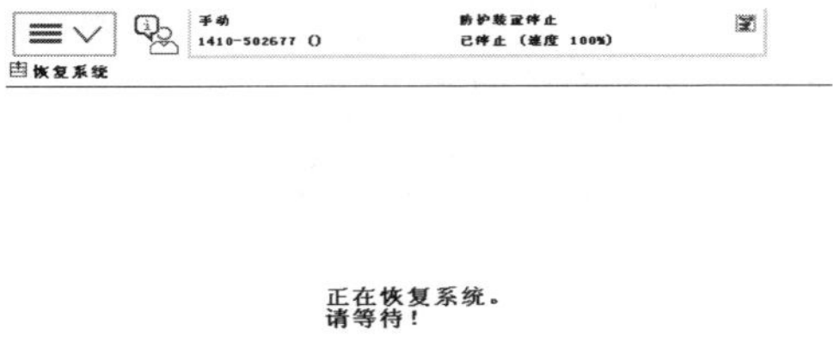	

3.4.3 执行备份或恢复时的注意事项

执行备份或恢复先前所作备份时，还应注意一些事项。

① 本地默认备份目录 BACKUP 由系统自动创建。建议使用该目录保存备份。在以后的备份中，这些备份文件将不会复制到 HOME 目录。

② 不要更改 BACKUP 目录的名称。为避免产生混淆，也不要将实际备份名称更改为 BACKUP。

③ 备份数据具有唯一性，即不能将一台机器人的备份恢复到另一台机器人中去，可能会造

成系统故障。

3.5 消息与事件日志的查看

3.5.1 FlexPendant 上的消息

FlexPendant 显示来自系统的消息。这些消息可以是状态消息、错误消息、程序消息或来自用户的动作请求。有些消息要求执行动作，有些只是纯信息。

（1）事件日志消息

事件日志消息来自 RobotWare 系统，它描述的是系统状态、事件或错误。

（2）系统消息

系统发出的某些消息并非来自事件日志。它们可能来自其他应用程序，如 RobotStudio Online。要通过 RobotStudio Online 更改系统中的配置和设置，用户必须请求写访问权限。这将在 FlexPendant 上生成一条消息，以便操作员授予或拒绝这一访问权限。操作员可在任何时候决定收回写访问权限。

（3）程序消息

RAPID 程序可将消息发送到操作员窗口显示。在多任务系统下，所有任务信息均显示于同一操作员窗口。如果有信息要求执行动作，则会显示该任务的独立窗口点击状态栏中 ABB 标识右侧图标，即可打开操作员窗口，如图 3.7 所示为操作员窗口。

图 3.7 操作员窗口示意

点击清除，可以清除所有消息。点击不显示日志，可以隐藏所有消息，消息由程序设计者以 RAPID 写入。隐藏所有消息有时非常有用，否则该窗口弹出后会显示每一条消息，可能干扰当前操作。

3.5.2 事件日志消息

可以点击示教器触摸屏上的状态栏显示状态窗口。然后点击"事件日志"显示事件日志。打开事件日志，可以查看所有当前项目、详细研究特定项目、处理日志项目（保存或删除）等，如图 3.8 所示。日志还可以使用 RobotStudio Online 打印。

代码	标题	日期和时间	1 到 9 共 1000
10012	安全防护停止状态	2017-06-16 12:55:51	
10015	已选择手动模式	2017-06-16 12:55:51	
110466	RW Arc 安装	2017-06-16 12:50:55	
110460	焊接错误恢复	2017-06-16 12:50:55	
110460	焊接错误恢复	2017-06-16 12:50:54	
10010	电机下电（OFF）状态	2017-06-16 12:50:53	
10129	程序已停止	2017-06-16 12:50:52	
10150	程序已启动	2017-06-16 12:50:52	
10129	程序已停止	2017-06-16 12:50:52	

图 3.8　事件日志窗口示意

每个事件日志项目不仅包含一条详细描述该事件的消息，通常还包含解决问题的建议，如图 3.9 所示。

元素	功能	说明
A	事件编号	指明错误编号
B	时间标记	指明事件发生时间
C	事件标题	说明所发生的事件
D	说明	对事件简要描述
E	结果	描述由事件引起的后果及注意事项
F	可能性原因	按可能性顺序，列出可能的原因
G	建议措施	基于可能性原因提出建议纠正措施

图 3.9　事件消息示意图

思 考 题

1. 简述 ABB 机器人示教器 FlexPendant 的结构、各部分功能及使用方法。
2. 使能器按钮分为几挡？简述使能器按钮的作用和正确使用方法。

实 践 练 习

1. 会正确启动和停止工业机器人。
2. 会执行数据的备份与修复操作。

第4章 工业机器人各坐标系的认识及设定

📖 **学习目标：**

1. 了解 ABB 机器人的各坐标系。
2. 了解 too10、tooldata、wobjdata、loaddata 的意义。
3. 掌握工具坐标系、工件坐标系的设定方法。
4. 掌握有效载荷的设定方法。

坐标系是用于确定机械人运动方向和移动距离的。工业机器人的微动控制必须先选定坐标系，然后才能确定示教器上的方向控制键或手动操纵摇杆所对应的运动轴和运动方向。机器人在自动模式时是根据程序移动作业，而程序中所有的点也都是依赖于某一坐标系。六关节工业机器人是最为典型的工业机器人之一，其运动复杂多样，因而使用了多个坐标系，每个坐标系都有对应的微动控制或编程。同时，坐标系之间也可能有相互联系。了解工业机器人各坐标系的定义，是以后学习工业机器人微动控制和编程的基础。

4.1 工业机器人坐标系认识

4.1.1 ABB 工业机器人的轴坐标系

ABB 工业机器人有 6 个自由度（即有六个独立运动的关节轴），每个自由度由一个伺服电机来驱动，每个关节的运动又称为轴运动。轴坐标系（或称关节坐标系）是用于描述机器人每个独立轴的运动，各轴及其运动方式见图 4.1。

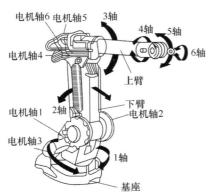

机器人各关节轴说明	
机构	运动方式
1 轴	回转
2 轴	下臂
3 轴	上臂
4 轴	手腕回转
5 轴	手腕摆动
6 轴	手腕回转

图 4.1 ABB 工业机器人的轴及运动方式

4.1.2 标准坐标系

工业机器人常用的标准坐标系是三维坐标系，采用右手直角笛卡儿坐标系（也称右手直角坐标系），其基本坐标轴为 X、Y、Z 三个直角坐标，如图 4.2 所示。X、Y、Z 轴的正方向可以根据右手定则确定：伸出拇指、食指和中指，首先是拇指指向 Z 轴的正方向，然后食指指向 X 轴的正方向，最后由中指指向 Y 轴的正方向。

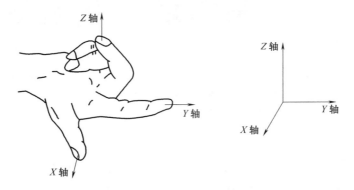

图 4.2 右手直角笛卡儿坐标系

4.1.3 ABB 工业机器人常用的标准坐标系

ABB 工业机器人常用的标准坐标系（见图 4.3）具有以下几种：

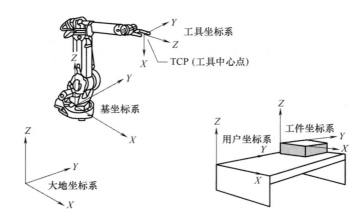

图 4.3 ABB 工业机器人常用的标准坐标系及相互关系

（1）大地坐标系（World coordinates）

大地坐标系在工作单元或工作站中的固定位置有相应的原点。对一个机器人来说，大地坐标系和基坐标系可以看成是一个坐标系；但对于由多个机器人组成的系统，大地坐标系和基坐标系是两个不同的坐标系。当有多个机器人协同作业时，使用公共的大地坐标系编程有利于机器人程序的交互。一般，默认大地坐标系与基坐标系是重合的。

（2）基坐标系（Base coordinates）

基坐标系以机器人的基础安装平面为 XY 平面，原点位于机器人 1 轴轴线和 XY 平面的交点，X 轴向前，Z 轴与 1 轴轴线重合向上，Y 轴与 X、Z 轴符合右手定则。在 ABB 的机器人系统中，当站在机器人的前方并在基坐标系中微动控制，将控制杆拉向自己一方时，机器人将沿 X 轴移动；向两侧移动控制杆时，机器人将沿 Y 轴移动。扭动控制杆，机器人将沿 Z 轴移动。

（3）工具坐标系（Tool coordinates）

工具中心点（Tool Center Point）是工具坐标系的原点，由此定义工具的位置和方向。工具坐标系通常缩写为 TCP 或 TCPF（Tool Center Point Frame，工具中心点框架）。执行程序时，机器人就是将 TCP 移至编程位置。也就是说，如果更换工具（或工具坐标系），机器人的移动将随之改变，使新的 TCP 沿编程轨迹移动。

工具坐标系说明：

① 机器人工具坐标系由工具中心点 TCP 与坐标方位组成。

② 微动控制机器人时，如果不想在移动时改变工具方向，就需要在工具坐标系下进行。

③ 机器人程序支持多个 TCP，可以根据当前工作状态进行变换定义机器人工作位置，但每次只能存在一个有效的 TCP。

④ 当工具磨损或更换时，只需要重新定义 TCP，不用更改程序，可直接运行。

⑤ 机器人联动运行时，TCP 是必需的。

（4）工件坐标系（Work Object coordinates）

工件坐标系对应工件，用于定义工件相对于大地坐标系（或其他坐标系）的位置。机器人可以拥有多个工件坐标系，分别表示不同工件或同一工件的不同位置。

工件坐标系说明：

① 机器人工件坐标系由工件原点与坐标方位组成。

② 工件坐标系通常是机器人编程的最佳选择。

③ 机器人程序支持多个 WOBJ，可以根据当前工作状态进行变换。

④ 外部夹具被更换，重新定义 WOBJ 后，可以不更改程序，直接运行。

⑤ 通过重新定义 WOBJ，可以简便地完成一个程序适合多台机器人的操作。

⑥ 重新定位工作站中的工件时，只需更改工件坐标系的位置，所有路径将即刻随之更新。

⑦ 允许操作以外轴或传送导轨移动的工件，因为整个工件可连同其路径一起移动。

（5）用户坐标系（User coordinates）

用户坐标系是用于定义不同的固定装置、工作台等设备，用于处理持有工件的设备与其他坐标系的关系。如当工作区内有多个工作台时，当在一个工作台完成作业任务，需要在另外的工作台作业时，不用重新编程，只需变换到当前用户坐标系下就可以了。用户坐标系也是在基坐标系或大地坐标系下建立的。

4.2　工具坐标系的设定

4.2.1　工具及 tool0 的概念

工具是能够直接或间接安装在机器人 6 轴的法兰盘上，或能够装配在机器人工作范围内固定位置上的物件。所有工具必须用工具中心点 TCP 定义。

所有机器人在手腕处都有一个预定义的工具坐标系，该坐标系被称为 tool0（默认工具 0）。tool0 通常保存在控制器的硬盘或其他磁盘存储器中。tool0 的工具中心点 TCP 位于机器人安装法兰盘的中心点，与安装凸缘方向一致，如图 4.4 所示。一般，新工具的 TCP 基于 tool0 的偏移定义。

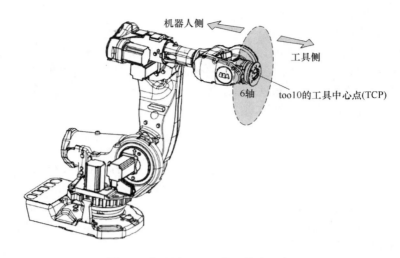

图 4.4　机器人 too10 的工具中心点

4.2.2　工具数据（tooldata）及设定工具坐标

（1）工具数据（tooldata）

一般机器人根据不同的用途会配置不同的工具，例如弧焊机器人使用弧焊枪作为工具，而搬运机器人就会使用吸盘或机械手爪作为工具。工具数据（tooldata）就是用于描述安装在机器人第六轴上的工具的 TCP、质量、重心等参数的数据。

（2）设定工具坐标系的意义和方法

设定工具坐标系主要是定义工具中心点。为了获取精确的工具中心点位置，必须测量机器人使用的所有工具并保存测量数据。测量工具中心点的方法如图 4.5 所示，分别沿 tool0 的 X、Y、Z 轴，测量机器人安装法兰盘到工具中心点的距离，就可得到工具的测量值 X_1、Y_1、Z_1（基于 tool0 的偏移值）。

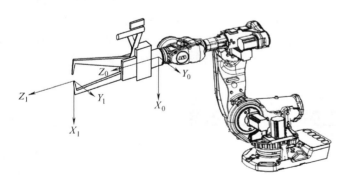

坐标轴	说明
X_0	Tool0 的 X 轴
Y_0	Tool0 的 Y 轴
Z_0	Tool0 的 Z 轴
X_1	待定义工具的 X 轴
Y_1	待定义工具的 Y 轴
Z_1	待定义工具的 Z 轴

图 4.5　测量工具中心点

除了工具中心点，新工具还具有质量、重心等默认数值，这些数值在工具使用前必须进行定义。

工具坐标系的设定过程可以分两步进行：首先创建工具坐标系，然后对创建好的工具坐标系进行编辑或定义。

4.2.3　创建工具坐标系

创建工具坐标系具体的操作步骤如下。

创建工具坐标系

操作过程	示教器界面显示	备注
1. 机器人控制面板上的模式开关钥匙，选择中间的"手动减速模式"		机器人的编程或者在示教器上的操作，如无特别说明，都是工作在"手动减速模式"
2. 在示教器触摸显示屏上方的状态栏中，确认机器人的状态已切换为"手动" 3. 点击示教器触摸屏左上角的快捷菜单打开"主菜单" 4. 选择"手动操纵"		
5. 选择"工具坐标"		
6. 单击"新建"		

续表

操作过程	示教器界面显示	备注
7. 建立一个新工具坐标系，这里建立名为 tool1，对工具数据属性进行设定后，单击"确定"	手动 1410-502677 防护装置停止 已停止（速度 100%） 新数据声明 数据类型：tooldata　当前任务：T_ROB1 名称：　tool1　... 范围：　任务 存储类型：　可变量 任务：　T_ROB1 模块：　MainModule 例行程序：　〈无〉 维数：　〈无〉　... 初始值　确定　取消 手动操纵　ROB_1 ⅓	一般情况下工具将自动命名为 tool+顺序号，例如 tool1、...、tool16、...。可以将其更改为更加具体的名称，例如焊枪、吸盘、机械手等。工具应该始终保持全局状态，以便能用于程序中的所有模块。工具存储类型必须始终是可变量。模块选项为声明该工具的模块
8. 新工具坐标系建立完成，在工具中出现一个新的工具坐标 tool1	手动 1410-502677 防护装置停止 已停止（速度 100%） 手动操纵 - 工具 当前选择：　tool1 从列表中选择一个项目。 工具名称　模块　范围 1 到 4 共 4 tAE_ErrPos　RAPID/T_ROB1/#SYS　任务 tool0　RAPID/T_ROB1/BASE　全局 tool1　RAPID/T_ROB1/MainModule　任务 新建...　编辑　确定　取消 手动操纵　ROB_1 ⅓	

新的工具坐标建立完成，但是，此时的 tool1 内部的参数没有进行定义，还需继续对其工具数据（tooldata）的 TCP、质量、重心等参数进行定义。

编辑定义工具
坐标系

4.2.4　定义工具坐标系

新的工具坐标系创建完成后，就需要定义工具坐标系，通常有两种方法：编辑工具定义和预定义法。以下就分别讲解这两种创建工具坐标系的方法。

（1）"编辑"定义工具坐标系

要采用"编辑"工具的方法定义工具坐标系，需要已知工具的偏移值 X_1、Y_1、Z_1，则这些数值可以直接输入新的工具坐标，同时还要输入工具的质量 mass 和重心位置数据。

例：机器人所装工具为搬运物料块的真空吸盘，如图 4.6 所示。

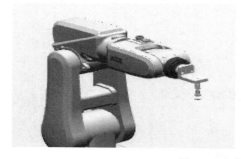

参数	数值	参数	数值	参数	数值
robothold	TRUE	rot		mass	1
trans		Q1	1	cog	
X	60	Q2	0	X	0
Y	0	Q3	0	Y	0
Z	80	Q4	0	Z	10

图 4.6　真空吸盘示意图及参数说明

对于此真空吸盘的工具数据的定义，具体的操作步骤如下。

操作过程	示教器界面显示	备注
1. "手动操纵-工具坐标"中选中"tool1" 2. 单击"编辑"，在展开的菜单中选择"更改值" 步骤 2 也可以是选择"更改声明"进入数据声明，选择"初始值"，或者是在新建工具数据时，选择"初始值"	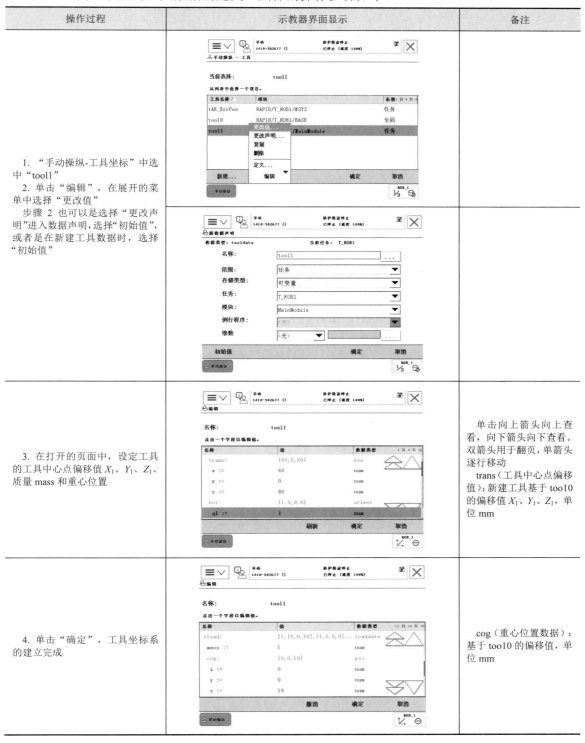	
3. 在打开的页面中，设定工具的工具中心点偏移值 X_1、Y_1、Z_1、质量 mass 和重心位置		单击向上箭头向上查看，向下箭头向下查看。双箭头用于翻页，单箭头逐行移动 trans（工具中心点偏移值）：新建工具基于 tool0 的偏移值 X_1、Y_1、Z_1，单位 mm
4. 单击"确定"，工具坐标系的建立完成		cog（重心位置数据）：基于 tool0 的偏移值，单位 mm

（2）预定义法（定义工具框）

预定义法又称示教法，为便于定位这种方法适用于工具末端为一个点的工具，这个点也是工具的 TCP 点，如焊枪、笔形工具等。TCP 的设定原理如下。

① 首先在机器人工作范围内找一个非常精确的固定点作为参考点。

② 然后在工具上确定一个参考点（通常是工具的中心 TCP 点）。

③ 手动操纵机器人的方法（参阅本书 5.2 章节），去移动工具上的参考点，以四种或以上不同的机器人姿态，尽可能与固定点刚好碰上。

④ 机器人通过这多个位置点的位置数据计算求得 TCP 的数据，然后 TCP 的数据就保存在 tooldata 这个程序数据中，能被程序进行调用。

TCP 的设定除了取 4 个点，还可以取 5 点和 6 点，取点数量的区别见表 4.1。

表 4.1　预定义法不同取点数量的特点

取点数量	特　点
4 点法	不改变 toot0 的坐标方向
5 点法	改变 toot0 的 Z 方向
6 点法	改变 toot0 的 X 和 Z 方向（在焊接应用最为常用）

一般来说，为了获得更准确的 TCP，多使用"六点法"进行操作：使用摇杆使工具参考点靠上固定点，变换姿态选取前 3 点（这 3 个点的姿态相差尽量大些，这样有利于 TCP 精度的提高）；第 4 点为垂直点（工具的参考点垂直于固定点）；第 5 点为 X 延伸点（工具参考点从固定点向将要设定为 TCP 的 X 方向移动）；第 6 点为 Z 延伸点（工具参考点从固定点向将要设定为 TCP 的 Z 方向移动）。

例：机器人所装工具为笔形几何体工具 Spintectool，如图 4.7 所示。

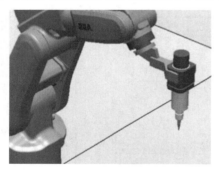

参数	数值
robothold	TRUE
mass	1
cog	
X	0
Y	0
Z	1

图 4.7　笔形几何体工具 Spintectool 示意图及参数说明

对于笔形几何体工具 Spintectool 的工具数据采用"六点法"定义，具体的操作步骤如下。

操作过程	示教器界面显示	备注
1."手动操纵-工具坐标"中新建"tool2"，并选中 2. 单击"编辑"，在展开的菜单中选择"定义"		

续表

操作过程	示教器界面显示	备注
3. 选择"TCP 和 Z，X"，使用 6 点法设定 TCP		
4. 选择合适的手动操纵模式（参阅第 5 章） 5. 轻按使能器按钮，操纵摇杆使工具参考点靠上固定点，作为第一个点 6. 单击"修改位置"，将点 1 位置记录下来	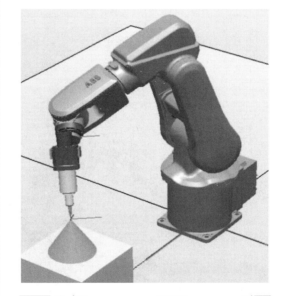 	手动操纵机器人移动的方法参阅本书第 5 章节

续表

操作过程	示教器界面显示	备注
7. 变换工具参考点姿态，再靠上固定点，重复步骤4。依次修改点2～点4位置。其中第4点为垂直点，即需要将工具参考点垂直于固定点	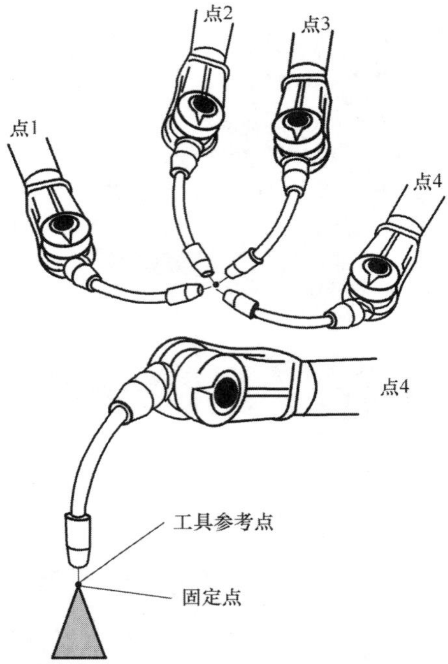	
8. 工具参考点以点4的姿态从固定点向+X方向移动，单击"修改位置"，将延伸器点X位置记录下来	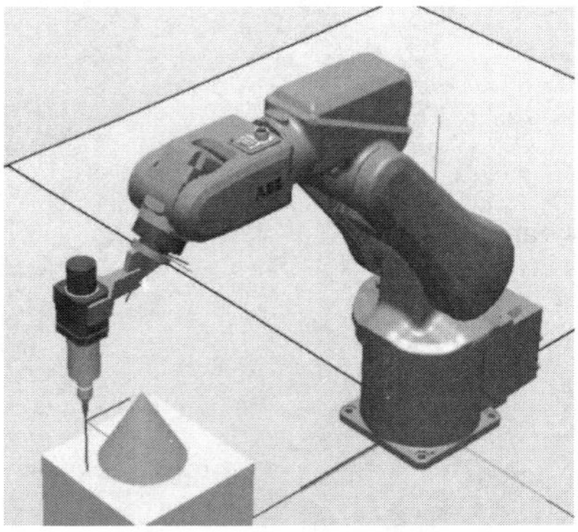	
9. 工具参考点以点4的姿态从固定点移动到工具TCP的Z方向	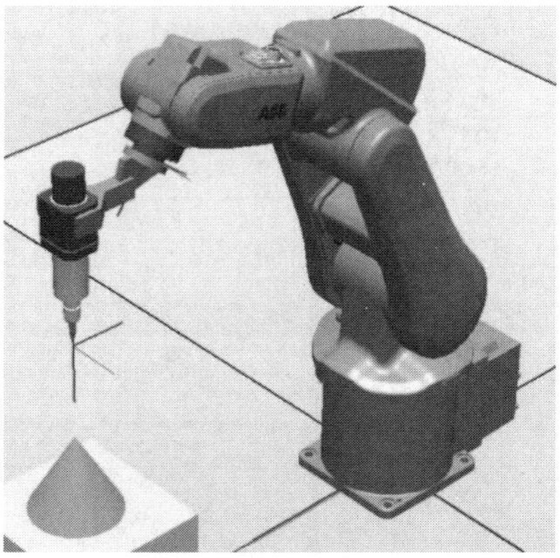	

续表

操作过程	示教器界面显示	备注
10. 单击"修改位置",将延伸器点 Z 位置记录下来 11. 单击"确定"完成设定	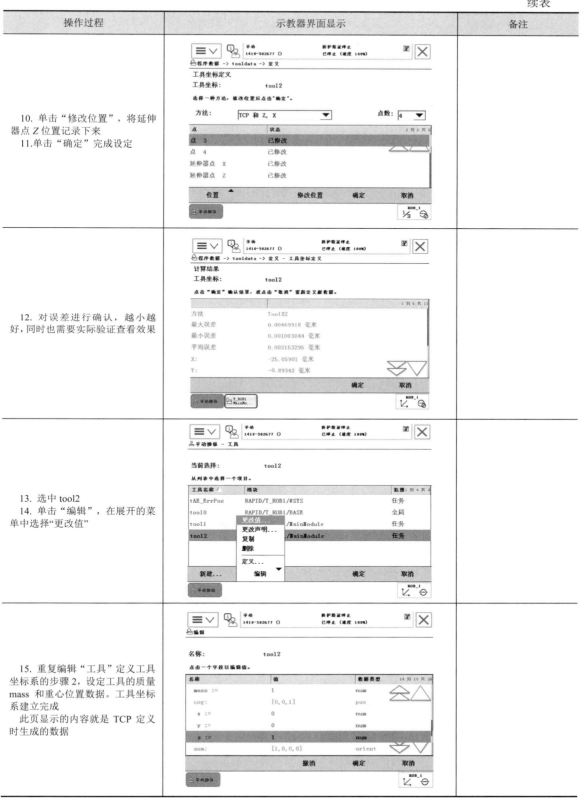	
12. 对误差进行确认,越小越好,同时也需要实际验证查看效果		
13. 选中 tool2 14. 单击"编辑",在展开的菜单中选择"更改值"		
15. 重复编辑"工具"定义工具坐标系的步骤 2,设定工具的质量 mass 和重心位置数据。工具坐标系建立完成 此页显示的内容就是 TCP 定义时生成的数据		

4.2.5 工具坐标系设定效果确认

工具坐标系设定效果确认操作步骤如下。

操作过程	示教器界面显示	备注
1."手动操纵-工具坐标"中选中"tool2" 2. 单击"确定"	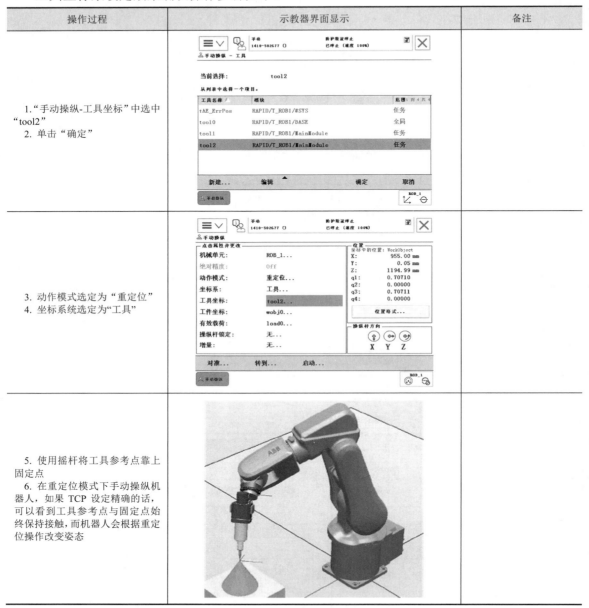	
3. 动作模式选定为"重定位" 4. 坐标系统选定为"工具"		
5. 使用摇杆将工具参考点靠上固定点 6. 在重定位模式下手动操纵机器人,如果 TCP 设定精确的话,可以看到工具参考点与固定点始终保持接触,而机器人会根据重定位操作改变姿态		

4.3 工件坐标系的设定

4.3.1 工件数据（wobjdata）

工件坐标系是拥有特定附加属性的坐标系。主要用于因置换特定任务和工件进程等而需要编辑程序时简化编程。工件数据（wobjdata）是用于描述工件相对于大地坐标或其他坐标的位置参数。

工件坐标系的设定过程分两部分：创建工件坐标系和定义工件坐标系。

4.3.2 创建工件坐标系

创建工件坐标系的具体操作步骤如下。

操作过程	示教器界面显示	备注
1. 在手动操纵画面中，选择"工件坐标"	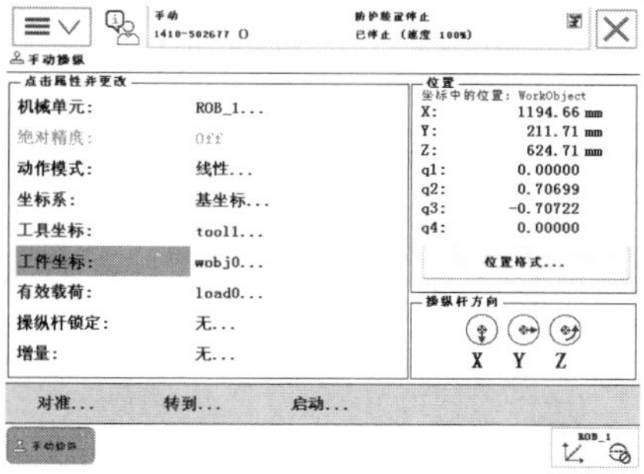	
2. 单击"新建"	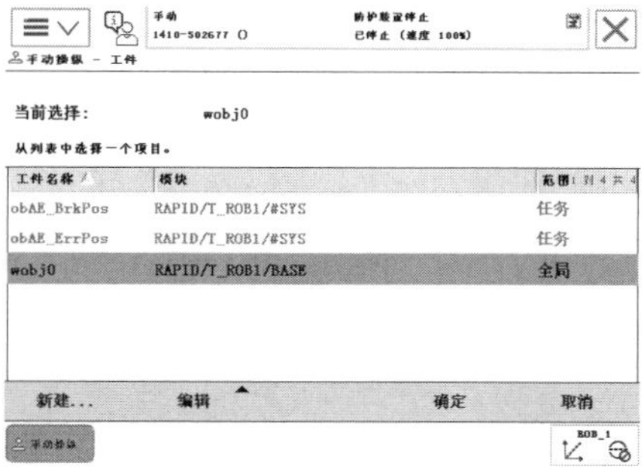	
3. 对工件坐标数据属性进行设定后，单击"确定"	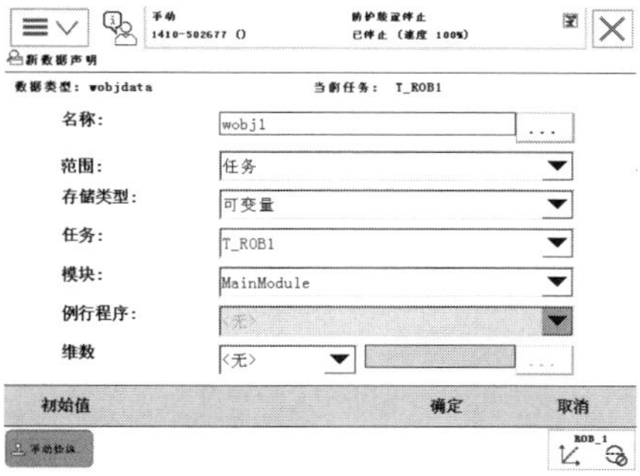	一般情况下工件将自动按顺序命名为 wobj+顺序号，例如 wobj1、…、wobj26、…。可以根据具体工件更改名称，例如螺钉、螺母、圆弧板等，使之更加明确。工件都应该是程序中的全局变量。工件存储类型必须是可变量。模块选项为声明该工件的模块
4. 新工件坐标系建立完成，在工件中出现一个新的工件坐标 wobj1	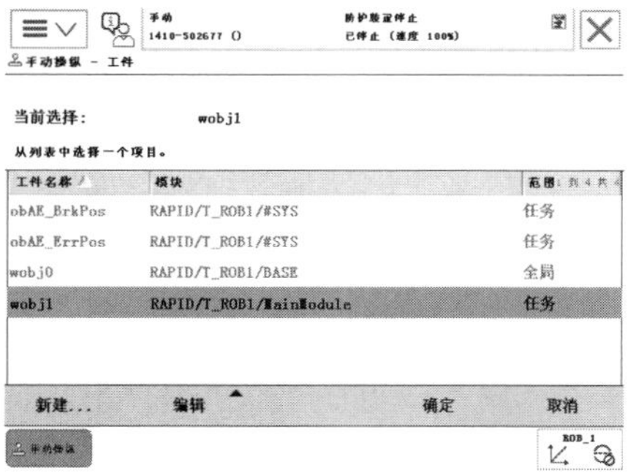	

4.3.3　定义工件坐标系

新的工件坐标系创建完成后，就需要定义工件坐标系。工件坐标系必须定义于两个框架：用户框架（与大地基座相关）和工件框架（与用户框架相关），如图4.8所示。

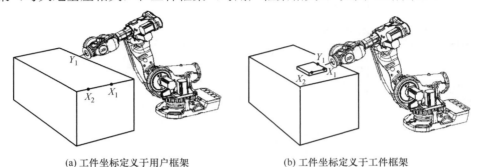

(a) 工件坐标定义于用户框架　　　　　　(b) 工件坐标定义于工件框架

图 4.8　三点法设定工件坐标

工件坐标的设定原理：在对象的平面上，只需要定义三个点，就可以建立一个工件坐标。也称为三点法：X_1、X_2点连线组成X轴，通过点Y_1向X轴作垂直线为Y轴，如图4.8所示。

（1）定义工件坐标系（用户框架）

定义于用户框架创建工件坐标系，仅适用于用户创建的工件，对默认框架wobj0不适用。定义工件坐标具体的操作步骤如下。

操作过程	示教器界面显示	备注
1. 选中 wobj1 后，单击"编辑"菜单中的"定义"选项	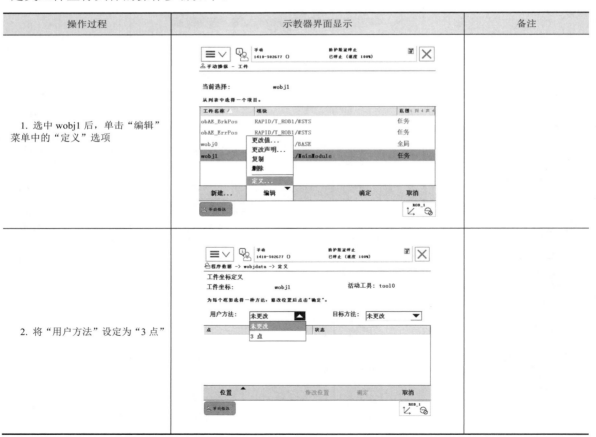	
2. 将"用户方法"设定为"3 点"		

续表

操作过程	示教器界面显示	备注
2. 将"用户方法"设定为"3点"	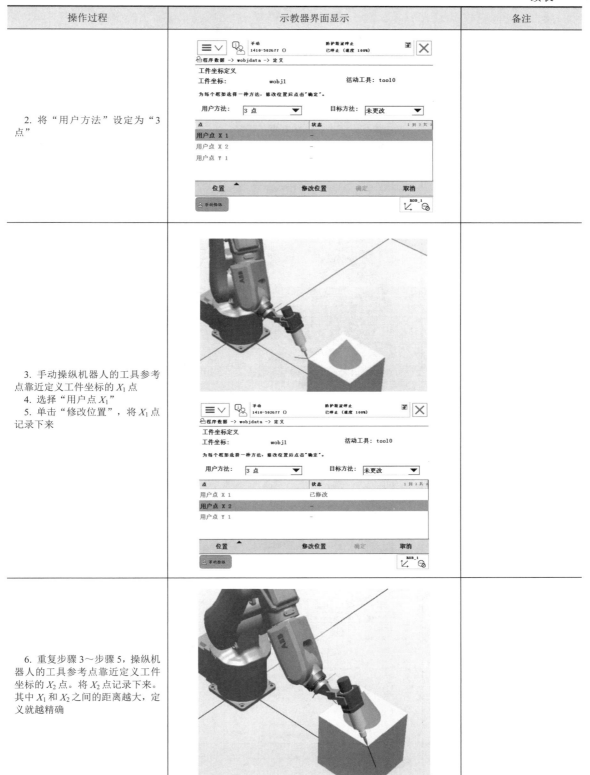	
3. 手动操纵机器人的工具参考点靠近定义工件坐标的 X_1 点 4. 选择"用户点 X_1" 5. 单击"修改位置",将 X_1 点记录下来		
6. 重复步骤3~步骤5,操纵机器人的工具参考点靠近定义工件坐标的 X_2 点。将 X_2 点记录下来。其中 X_1 和 X_2 之间的距离越大,定义就越精确		

操作过程	示教器界面显示	备注
6. 重复步骤3～步骤5，操纵机器人的工具参考点靠近定义工件坐标的 X_2 点。将 X_2 点记录下来。其中 X_1 和 X_2 之间的距离越大，定义就越精确	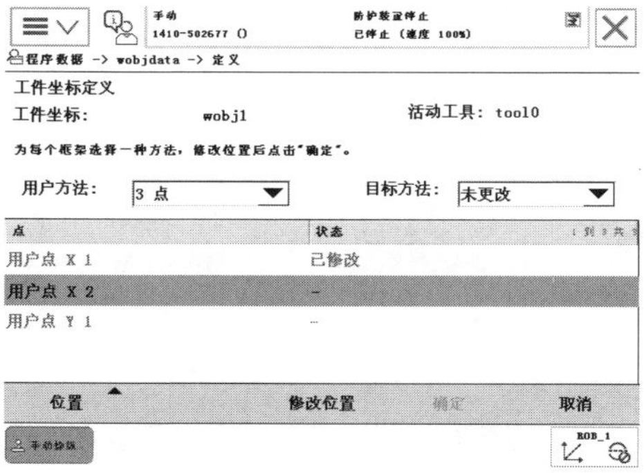	
7. 重复步骤3～步骤5，操纵机器人的工具参考点靠近定义工件坐标的 Y_1 点。将 Y_1 点记录下来。其中 X_1 和 Y_1 之间的距离越大，定义就越精确	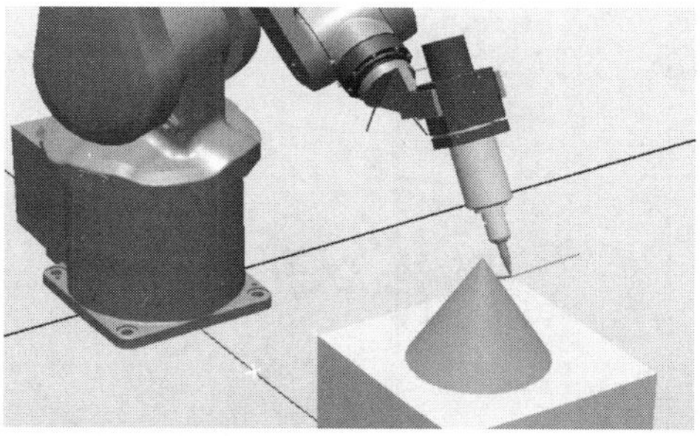 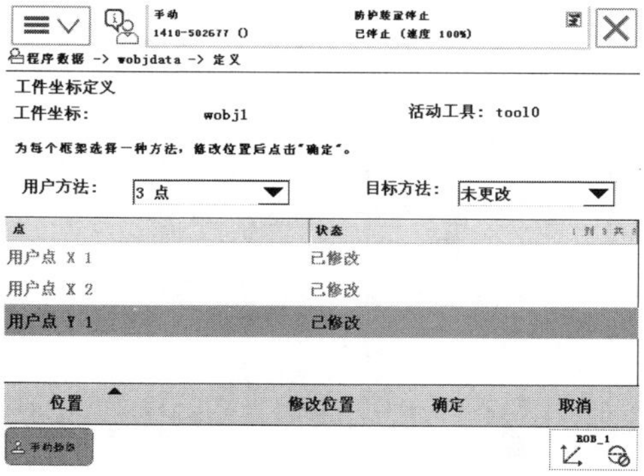	
8. 单击"确定" 9. 对自动生成的工件坐标数据进行确认后，单击"确定"。工件坐标建立完成	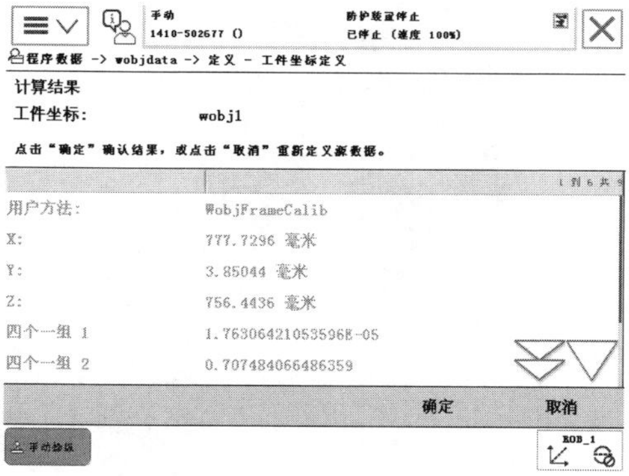	

（2）定义工件坐标系（工件框架）

定义于工件框架创建工件坐标系的方法时，在第2步选择"目标方法"，其余可以参照定义用户框架的步骤按相同顺序操作。区别主要在于定义 X_1、X_2、Y_1 三个点是基于工件建立，如图4.8（b）所示。其他步骤可以按顺序相同操作。

4.4 有效载荷的设定

4.4.1 有效载荷

有效载荷是机器人在其工作空间可以携带的最大负荷，从例如3kg到800kg不等。对于搬运应用的机器人，如图4.9所示，应该正确设定夹具的质量、重心 tooldata 以及搬运对象的质量和重心数据 loaddata。如果机器人希望完成将目标工件从一个工位搬运到另一个工位，为了尽可能精确地定位和操纵工件，必须将工件的质量以及机器人手爪的质量加总到其工作负荷。如果没有设置工具和有效载荷的质量，则微动控制时可能会出现过载错误。机器人的有效载荷是一个重要参数，各载荷的关系见图4.10。

图4.9 搬运机器人作业

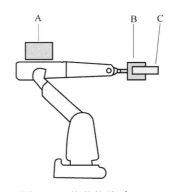

图4.10 载荷的关系

A—上臂载荷；B—工具载荷；C—有效载荷

4.4.2 设定有效载荷

有效载荷坐标（包括方向）应该建立在大地坐标系上，建立为 loaddata 类型的变量。变量的名称就是有效载荷的名称。添加一个新的有效载荷并设置数据声明具体步骤如下：

操作过程	示教器界面显示	备注
1. 由主菜单进入"手动操纵"，选择"有效载荷"		

续表

操作过程	示教器界面显示	备注
2. 点击"新建"，创建一个新的有效载荷	**当前选择：** load0 从列表中选择一个项目。 有效载荷名称 / 模块　　　　　　范围：列1 共 load0　　RAPID/T_ROB1/BASE　全局 新建…　编辑　　　确定　取消	
3. 点击"初始值"设置有效载荷数据属性	**新数据声明** 数据类型：loaddata　　当前任务：T_ROB1 名称：load1 范围：任务 存储类型：可变量 任务：T_ROB1 模块：MainModule 例行程序：〈无〉 维数：〈无〉 初始值　　　　　　确定　取消	有效载荷声明设置：有效载荷将自动命名为 load +顺序号。可以点击旁边的"…"按钮，更改有效载荷名称。一般情况下，可以改变命名使载荷更明确 所有模块中，有效载荷的范围都应该是程序中的全局变量。有效载荷的存储类型必须是可变量。从菜单选择声明该有效载荷的模块
4. 根据实际有效载荷数据进行设定 5. 点击"确定"，有效载荷建立完成	**编辑** 名称：load1 点击一个字段以编辑值。 名称　　　　值　　　　　数据类型　1 到 6 共 14 load1 :=　[3,[0,0,150],[1,0,0,0...　loaddata mass :=　3　　　　　num cog :=　[0,0,150]　　　pos x :=　0　　　　　num y :=　0　　　　　num z :=　150　　　　num 确定　取消	有效载荷的参数说明见表4.2

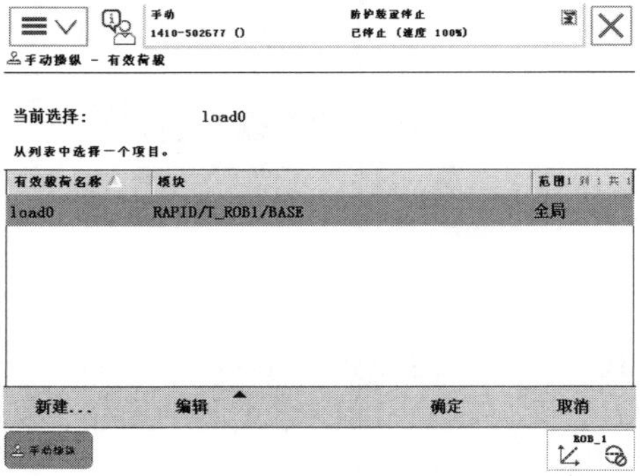

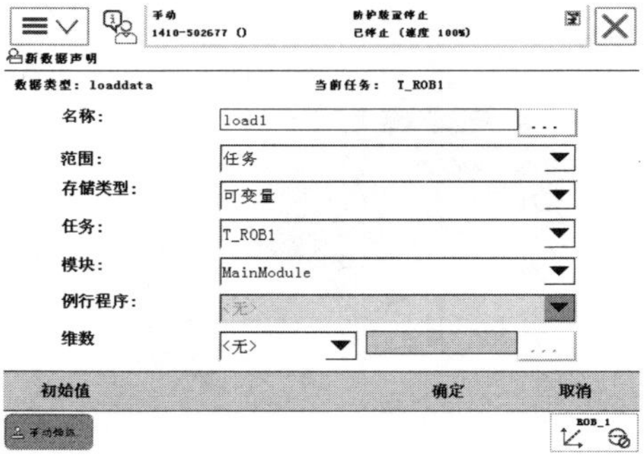

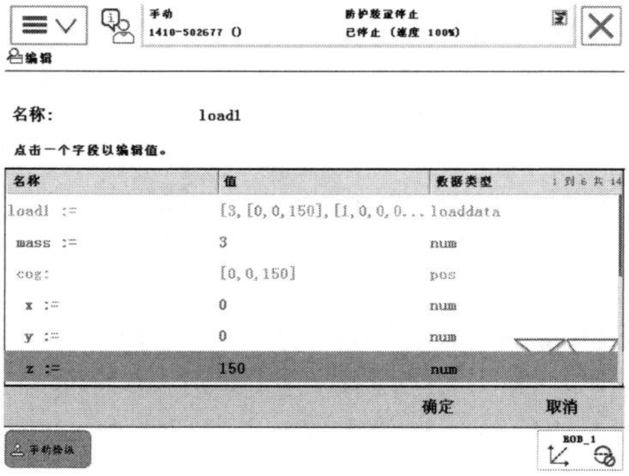

续表

操作过程	示教器界面显示	备注
6. 在"手动操纵-有效载荷"界面显示新的有效载荷 load1 建立完成	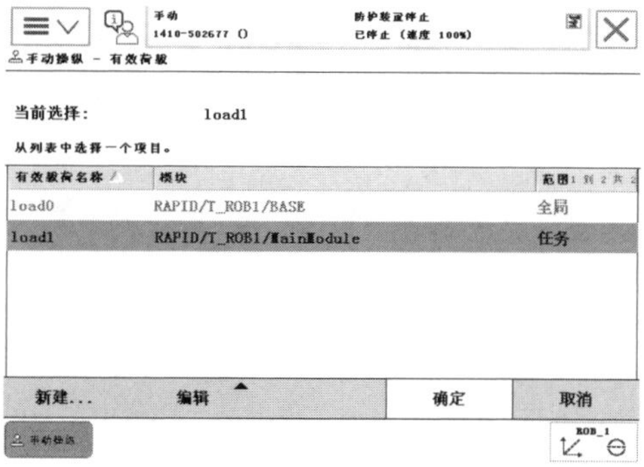	

表 4.2　有效载荷参数说明

名称	参数	单位
有效载荷质量	load.mass	kg
有效载荷重心	load.cog.x load.cog.y load.cog.z	mm
力矩轴方向	load.aom.q1 load.aom.q2 load.aom.q3 load.aom.q4	
有效载荷的转动惯量	ix iy iz	$kg \cdot m^2$

在示教、再现的整个过程中，机器人要求始终选择合适的工具、工件或有效载荷。如果没有选择合适的工具、工件或有效载荷，当进行微动控制或在生产过程中运行通过移到目标位置来创建的程序时，很可能会出现过载错误、定位错误等报警。

思　考　题

1. ABB 工业机器人常用的各标准坐标系有哪些？各有什么特点和适用范围？
2. 什么是工具？什么是 too10？简述 tooldata、wobjdata、loaddata 的意义。
3. 什么是有效载荷？有效载荷的设定有什么意义？

实　践　练　习

1. 练习工具坐标系的设定。
2. 练习工件坐标系的设定。
3. 练习有效载荷的设定。

第2篇 基本技能篇

● 工业机器人手动操纵   ● 工业机器人的 I/O 通信
● 工业机器人编程基础

第5章　工业机器人手动操纵

学习目标：

1. 了解 ABB 机器人手动操纵相关知识。
2. 掌握单轴运动手动操纵方法。
3. 掌握线性运动手动操纵方法。
4. 掌握重定位运动手动操纵方法。

示教型工业机器人"示教"的过程，实际就是操作者手动操纵机器人运动，并完成预期作业轨迹的过程。另外，在进行一些重要的数据设定时，如工具坐标、工件坐标、有效载荷等参数的设定和校验，还有如转数计数器的更新时，都需要机器人运动。机器人的运动可以是连续的，也可以是步进的；可以是单轴运动，也可以是整体协调运动。这些运动都可以通过手动操纵控制实现。

5.1　手动操纵简介

ABB 机器人的手动操纵又称为微动控制，就是使用 FlexPendant 的手动操作摇杆手动定位或移动机器人或外轴。对机器人进行手动操纵的前提条件如下：

① 系统已启动。

② 系统处于"手动模式"。

③ 使能按钮已按下，系统处于"电机开启"模式。

ABB 机器人在手动模式下可以进行手动操纵。无论 FlexPendant 上显示什么视图都可以进行，但在程序执行过程中无法进行手动操纵。手动操纵分三个步骤：选择动作模式→选择坐标系→操作示教器。

5.1.1　选择动作模式

（1）动作模式分类

手动操纵机器人共有三种动作模式：单轴运动、线性运动和重定位运动。在具体操作时，可根据需求选择不同的动作模式。三种模式的运动特点如下。

① 单轴运动　前面在工业机器人的轴坐标系里介绍了 ABB 机器人有 6 个独立运动的轴（详阅 4.1.1 节），那么每次手动操纵一个轴的运动，就称为单轴运动。这种方法很难预测工具中心点将如何移动。

② 线性运动　机器人的线性运动是指安装在机器人第 6 轴法兰盘上的工具中心点沿空间内的直线移动，即"从 A 点到 B 点直线移动"方式。工具中心点按选定的坐标系轴的方向移动。

一般来说，线性运动运动时姿态和轨迹比较直观，机器人会根据走直线的需求自动调整各个轴，从而达到直线行驶的目的，是比较便捷和常用的运动模式。

③ 重定位运动　机器人的重定位运动是指机器人第 6 轴法兰盘上的工具中心点在空间中绕着某点旋转的运动，也可以理解为机器人绕着工具 TCP 点作姿态调整的运动。"姿态运动"指机器人的工具中心点在坐标系空间位置不变（X、Y、Z 数值不变），机器人六根转轴联动改变姿态。

（2）选择动作模式

手动操纵动作模式的选择有两种方法：从"手动操纵"窗口界面选择和示教器快捷按钮选择。

① 从"手动操纵"窗口选择动作模式　从"手动操纵"窗口选择动作模式的具体操作步骤如下。

操作过程	示教器界面显示	备注
1. 在主菜单下，选择"手动操纵"		
2. 选择"动作模式"		
3. 选择所需模式 4. 单击"确定"		
5. 在"手动操纵"菜单中模式已切换为所选择的模式		

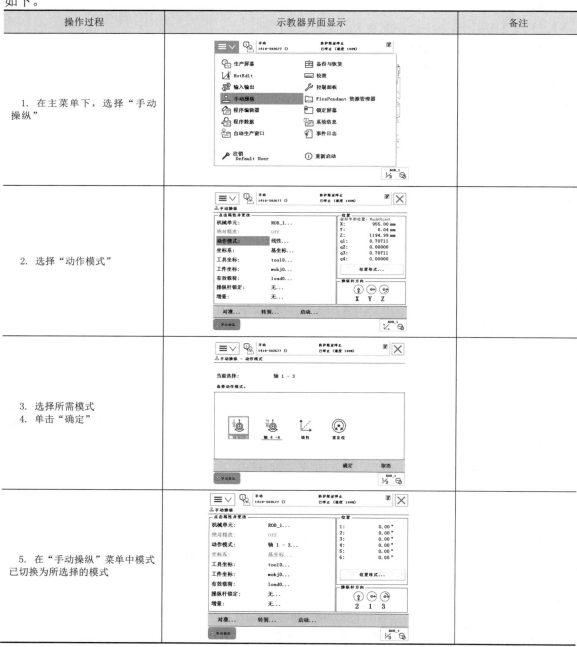

② 示教器快捷按钮选择动作模式　手动操纵的快捷按钮在示教器右侧的按键功能区，如图 5.1 所示。

（3）操纵摇杆方向的含义

在窗口的右下部分有摇杆方向指示，摇杆方向的含义取决于选定的动作模式。示教器快捷按钮选择动作模式以及摇杆方向指示含义如图 5.1 所示，其中紫色箭头方向代表正方向。

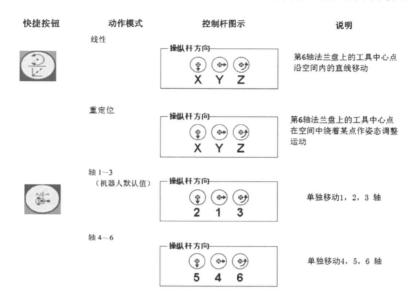

图 5.1　动作模式快捷按钮选择以及操纵摇杆方向指示含义

5.1.2　选择坐标系

坐标系为线性运动规定了运动的参考方向，为了配合运动，必须选择合适的坐标系。选择合适的坐标系会使手动操纵容易一些，但对于选择哪一种坐标系并没有固定的要求。一般采用能以较少的操作摇杆动作将工具中心点移至目标位置的坐标系为最佳选择。基坐标是机器人自带的坐标系，其方向在机器人安装时就已确定且无法修改，所以一般手动操纵机器人线性运动时首选基坐标。

坐标系的选择过程为："主菜单→手动操纵→坐标系→选择合适的坐标系→确定"。

5.1.3　手动操纵机器人运动

选定了动作模式和坐标系，就确定了机器人运动的方式，就可以操纵机器人运动了。操纵方法为：一手持示教器，并用该手四指按住示教器使能器按钮（关于使能器按钮的使用方法可详阅本书 3.4 章节），另一只手控制手动操纵摇杆，使机器人运动起来。在手动操纵机器人运动时，操作人员面向机器人站立，如图 5.2 所示。操纵过程中注意观察机器人的运动情况，机器人的移动速度应小于 250mm/s，以便于避免发生意外和精确定

图 5.2　手动操纵机器人定位

位。当工具接近时，可以使用增量运动的方法缓慢定位目标位置点。

5.1.4　手动操纵机器人运动速度的控制方法

（1）操纵摇杆控制机器人运动速度

操纵摇杆可以控制机器人的运动速度，其特点在于摇杆的操作幅度与机器人的运动速度相关：操作幅度小，则机器人运动速度慢；操纵幅度大，则机器人运动速度快。一般在操作时，尽量以小幅度操纵使机器人缓慢运动，也可以根据需求适当增大操作幅度调节速度，如距离目标位置点较远时。

（2）使用运动增量控制机器人运动速度

运动速度的调整方法除了控制操纵摇杆幅度，还可以通过运动增量切换，调整机器人运动速度，具体的操作步骤如下。

操作过程	示教器界面显示	备注
1　点击示教器右侧的按键"运动增量切换"按键。可进行机器人手动操纵运动速度切换	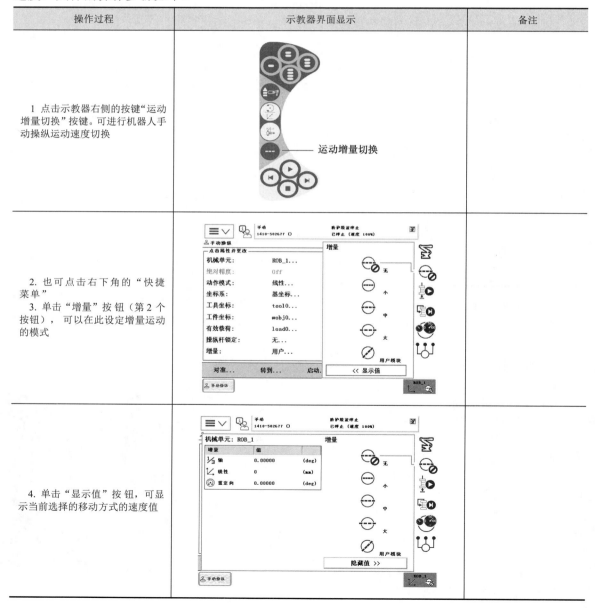	
2．也可点击右下角的"快捷菜单" 3．单击"增量"按钮（第 2 个按钮），可以在此设定增量运动的模式		
4．单击"显示值"按钮，可显示当前选择的移动方式的速度值		

续表

操作过程	示教器界面显示	备注
5. 可根据需要选择合适的增量值	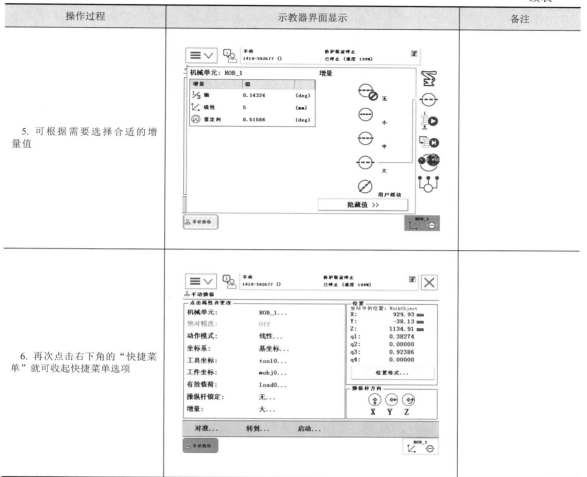	
6. 再次点击右下角的"快捷菜单"就可收起快捷菜单选项		

（3）目标位置点精确定位的技巧

在手动操纵机器人运动时，需要注意控制运动速度，当需要精确定位点时，为了方便快捷，可以采用以下方法。

① 使用操作杆锁定，对某个方向的摇杆控制进行锁定，让机器人完全在水平方向或垂直方向运动。

② 使用增量运动，让机器人可以慢速靠近目标点。

③ 使用对准功能，让当前激活的工具 TCP 完全垂直对准某个指定的工件台，可快速移动靠近。

④ 使用程序指令调试功能，可快速让机器人到达某个程序点。

5.2　单轴运动手动操纵

单轴运动每次只能操纵 3 个轴：1～3 轴或 4～6 轴，6 个轴的移动需要进行控制切换。具体的操作步骤如下。

单轴运动
手动操纵

操作过程	示教器界面显示	备注
1. 在"主菜单"中，单击"手动操纵" 2. 选择"动作模式" 3. 选择"轴1-3" 4. 单击"确定"	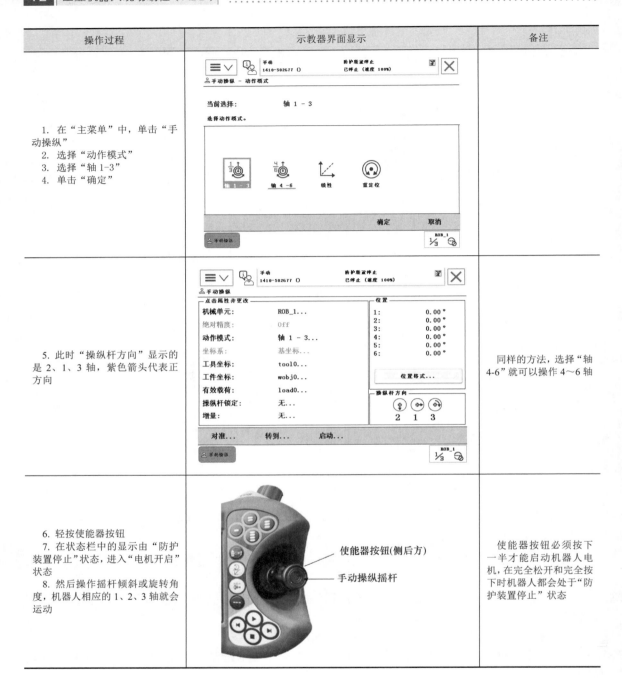	
5. 此时"操纵杆方向"显示的是 2、1、3 轴，紫色箭头代表正方向		同样的方法，选择"轴4-6"就可以操作4~6轴
6. 轻按使能器按钮 7. 在状态栏中的显示由"防护装置停止"状态，进入"电机开启"状态 8. 然后操作摇杆倾斜或旋转角度，机器人相应的1、2、3轴就会运动	使能器按钮(侧后方) 手动操纵摇杆	使能器按钮必须按下一半才能启动机器人电机，在完全松开和完全按下时机器人都会处于"防护装置停止"状态

5.3 线性运动手动操纵

线性运动
手动操纵

　　一般来说，线性运动是比较便捷的运动模式，线性运动是机器人 TCP 沿坐标系 X、Y、Z 轴作直线运动。机器人会根据走直线的需求自动调整各个轴，从而达到直线行驶的目的，运动时姿态和轨迹比较直观。线性运动的手动操纵过程如下。

操作过程	示教器界面显示	备注
1. 在"主菜单-手动操纵"中选择"动作模式" 2. 选中"线性" 3. 单击"确定"	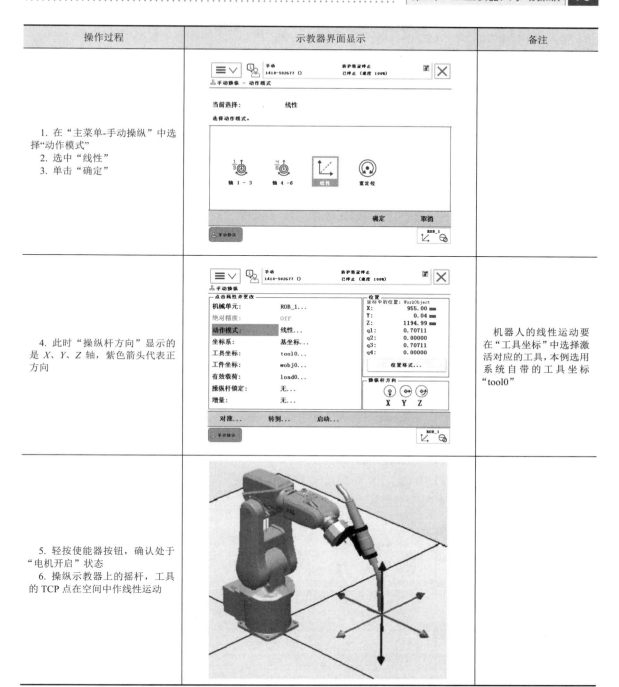	机器人的线性运动要在"工具坐标"中选择激活对应的工具,本例选用系统自带的工具坐标"tool0"
4. 此时"操纵杆方向"显示的是 X、Y、Z 轴,紫色箭头代表正方向		
5. 轻按使能器按钮,确认处于"电机开启"状态 6. 操纵示教器上的摇杆,工具的 TCP 点在空间中作线性运动		

5.4 重定位运动手动操纵

重定位运动多用于一些需要姿态调整的地方：如使用 6 点法设定 TCP 后，观察工具坐标建立的误差；焊枪拐角时，调整姿态获得更好的焊接效果等。重定位运动的手动操纵过程如下。

重定位运动
手动操纵

操作过程	示教器界面显示	备注
1. 在"主菜单-手动操纵"中选择"动作模式" 2. 选中"重定位" 3. 单击"确定"	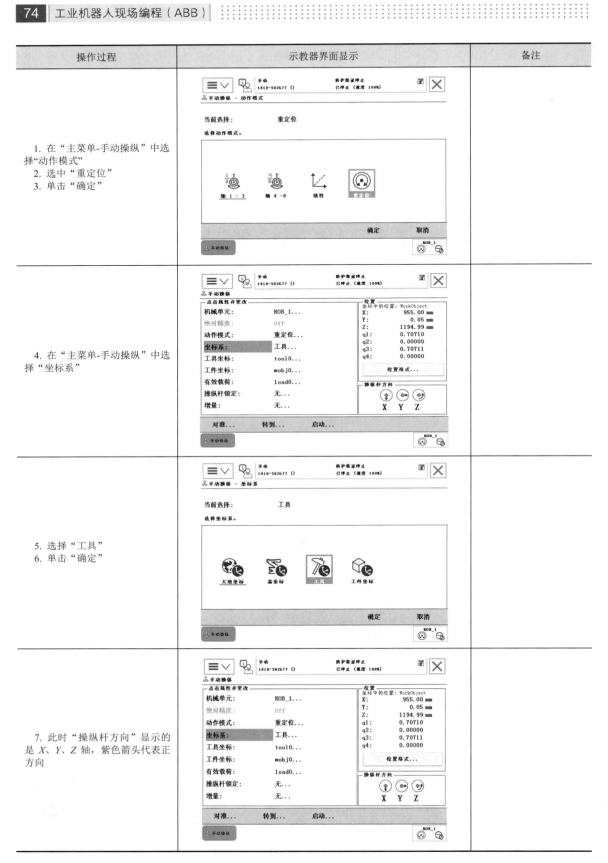	
4. 在"主菜单-手动操纵"中选择"坐标系"		
5. 选择"工具" 6. 单击"确定"		
7. 此时"操纵杆方向"显示的是 X、Y、Z 轴，紫色箭头代表正方向		

续表

操作过程	示教器界面显示	备注
8. 单击"工具坐标" 9. 激活需要的工具，本例选用"tool0" 10. 单击"确定"	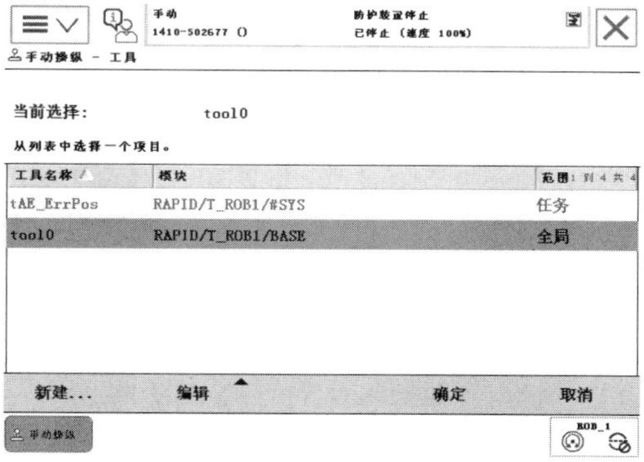	
11. 轻按使能器按钮 12. 确认处于"电机开启"状态 13. 然后操纵摇杆，使工具 tool0 的 TCP 点作姿态调整运动	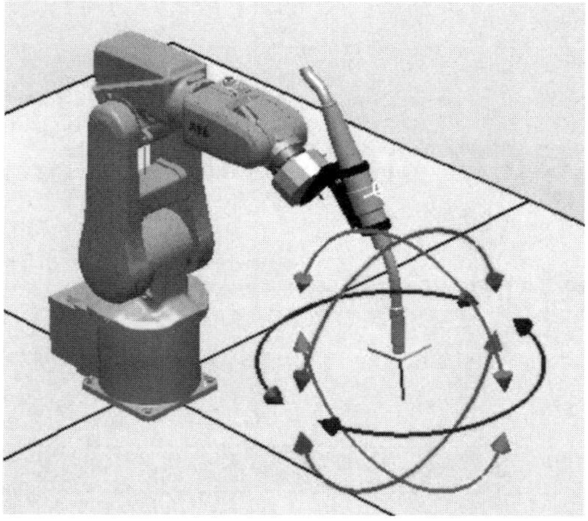	

思　考　题

1. 手动操纵机器人有几种动作模式？
2. 如何选择坐标系？
3. 如何手动操纵机器人运动？
4. 简述手动操纵机器人运动速度的控制方法。

实　践　练　习

1. 练习手动操纵机器人的轴运动动作模式。
2. 练习手动操纵机器人的线性运动动作模式。
3. 练习手动操纵机器人的重定位动作模式。
4. 练习手动操纵机器人选择不同的运动速度。

第6章 工业机器人的 I/O 通信

📋 **学习目标：**

1. 了解 ABB 机器人 I/O 通信的种类。
2. 了解 ABB 机器人的 I/O 通信接口在控制器内部接口。
3. 掌握常用 ABB 标准 I/O 板的配置方法。
4. 掌握系统参数与 I/O 信号的关联配置方法。
5. 掌握 I/O 信号的监控方法。

6.1 机器人的I/O通信接口说明

6.1.1 ABB 机器人 I/O 通信种类

机器人提供了丰富的 I/O 通信接口，可以轻松地实现与周边设备进行通信，见表 6.1。

表 6.1 I/O 通信种类

PC	现场总线	ABB 标准
RS232 通信 OPC server Socket Message	Device Net Profibus Profibus-DP Profinet EtherNet IP	标准 I/O 板 PLC

注：Message 是一种通信协议。现场总线各项为不同的厂商推出的现场总线协议。

6.1.2 ABB 机器人 I/O 通信接口

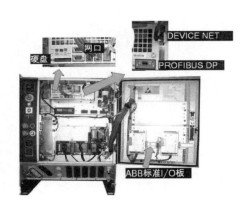

图 6.1 ABB 机器人的 I/O 通信接口示意图

ABB 机器人的 I/O 通信接口在控制器内部接口，如图 6.1 所示。

ABB 机器人的 I/O 通信接口说明：

① ABB 的标准 I/O 板提供的常用信号见表 6.2。

② ABB 机器人可以选配标准 ABB 的 PLC，省去了原来与外部 PLC 进行通信设置的麻烦，并且在机器人示教器上就能实现与 PLC 相关的操作。

6.1.3 ABB 机器人标准 I/O 板

常用的 ABB 标准 I/O 板见表 6.3，各标准 I/O 板具体的参数见附录 1。

表 6.2 常用的 ABB I/O 信号说明

符号	说明
DI	单个数字输入信号
DO	单个数字输出信号
AI	模拟量输入信号
AO	模拟量输出信号
GI	组合输入信号，使用 8421 码
GO	组合输出信号，使用 8421 码

表 6.3 常用的 ABB 标准 I/O 板

型号	说明
DSQC 651	分布式 I/O 模块 DI8\DO8 \AO2
DSQC 652	分布式 I/O 模块 DI16\DO16
DSQC 653	分布式 I/O 模块 DI8\DO8 带继电器
DSQC 355A	分布式 I/O 模块 AI4\AO4
DSQC 377A	输送链跟踪单元

6.1.4 设定 ABB 机器人 I/O 信号

ABB 机器人 I/O 信号的设定顺序为：先设定 I/O 模板，然后定义 I/O 信号，最后根据需要建立系统参数与 I/O 信号的关联。

6.2 配置 DSQC651 板

DSQC651 板是 ABB 机器人常用的标准 I/O 板，主要提供 8 个数字输入信号、8 个数字输出信号和 2 个模拟输出信号的处理。本书示例以 DSQC651 为模板，总线连接 DeviceNet，地址为 10，简单介绍其相关参数的设定及操作方法以及 I/O 信号的监控及仿真等操作。

6.2.1 定义 DSQC651 板的总线连接

ABB 标准 I/O 板是下挂在 DeviceNet 网络上的，通过 X5 端口与 DeviceNet 网络进行通信，具体地址的设置可参阅附录 2。定义 DSQC651 板的总线连接的相关参数设置见表 6.4。

表 6.4 DSQC651 板的相关参数

参数名称	设定值	说明
Name	d651	设定 I/O 板在系统中的名字，方便在系统中识别
Address	10	设定 I/O 板在总线中的地址
Product Code	25	设定 I/O 板代码
ConnectionType	Chang-Of-State（COS）	设定 I/O 板连接类型
Connection Output Size（bytes）	5	设定 I/O 板输出信号大小（字节）
Connection Input Size（bytes）	1	设定 I/O 板输入信号大小（字节）

6.2.2 DSQC651 板的连接设置

（1）DSQC651 板的设定

DSQC651 板的设定具体操作步骤如下。

操作过程	示教器界面显示	备注
1. 选择"控制面板"—"配置"		
2. 双击"DeviceNet Device"		
3. 单击"添加"		
4. 按照表中的参数填写，填写完成后点击"确定"		

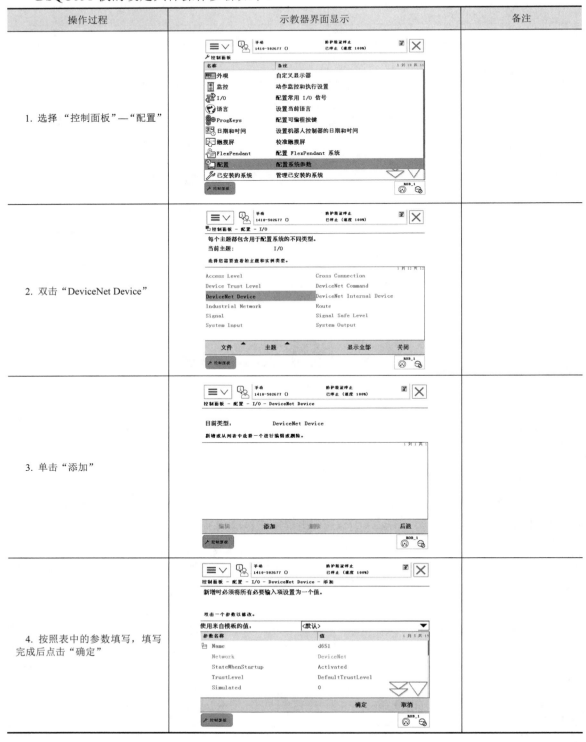

续表

操作过程	示教器界面显示	备注
5. 系统重启后在"DeviceNet Device"界面列表中新增了一个设备，定义 DSQC651 板的总线连接操作完成	控制面板 - 配置 - I/O - DeviceNet Device 目前类型： DeviceNet Device 新增或从列表中选择一个进行编辑或删除。 d651 编辑　添加　删除　后退	定义输入输出信号，牵涉到更改系统参数的部分，更改完成后必须重新启动机器人使其生效，系统将有提示

（2）定义数字输入/输出信号

输入输出信号必须在系统参数中定义。数字输入信号 DI10_1 的相关参数见表 6.5。数字输出信号 DO10_1 的相关参数见表 6.6。

表 6.5　数字输入信号的参数

参数名称	设定值	说　　明
Name	DI10_1	设定数字输入信号的名字
Type of Signal	DIgital Input	设定信号的类型
Assigned to Device	d651	设定信号所在的 I/O 模块
Device Mapping	0	设定信号对应的物理端口号

表 6.6　数字输出信号的参数

参数名称	设定值	说明
Name	DO10_1	设定数字输出信号的名字
Type of Signal	DIgital Output	设定信号的类型
Assigned to Device	d651	设定信号所在的 I/O 模块
Device Mapping	32	设定信号对应的物理端口号

以定义数字输入信号为例，其操作步骤如下。

操作过程	示教器界面显示	备注
1. "控制面板-配置"画面中，双击"Signal"	控制面板 - 配置 - I/O 每个主题都包含用于配置系统的不同类型。 当前主题： I/O 选择您需要查看的主题和实例类型。 Access Level　　　　Cross Connection Device Trust Level　DeviceNet Command DeviceNet Device　　DeviceNet Internal Device Industrial Network　Route Signal　　　　　　　Signal Safe Level System Input　　　　System Output 文件　主题　显示全部　关闭	

续表

操作过程	示教器界面显示	备注
2. 单击"添加"	控制面板 - 配置 - I/O - Signal 目前类型：　　　　　Signal 新增或从列表中选择一个进行编辑或删除。 ES1　　　　　ES2 SOFTESI　　　EN1 EN2　　　　　AUTO1 AUTO2　　　　MAN1 MANFS1　　　 MAN2 MANFS2　　　 USERDOOVLD MONPB　　　　 AS1 编辑　　添加　　删除　　　　后退	在 I/O 界面中，前面有小钥匙标志的信号，是专用于某些特定的安全功能 I/O 信号。 标准系统中使用的安全 I/O 信号请查阅附录 3
3. 对于不同类型的信号的参数进行填写，填写完成后，点击"确定"	控制面板 - 配置 - I/O - Signal - 添加 新增时必须将所有必要输入项设置为一个值。 双击一个参数以修改。 参数名称　　　　　　　值 Name　　　　　　　　 DI10_1 Type of Signal　　　 Digital Input Assigned to Device　 d651 Signal Identification Label Device Mapping　　　 0 Category 确定　　　取消	
4. 点击"是"，系统重启后完成设定	控制面板 - 配置 - I/O - DeviceNet Device - 添加 重新启动 更改将在控制器重启后生效。 是否现在重新启动？ 是　　　　　否 确定　　取消	一般情况选择"否"，目的在于把需要的设置全部完成后再选择重启系统，减少等待系统重新启动的次数，提高效率。以下遇到类似情况可同样处理——等待设置全部完成再重新启动系统，不再重复说明
5. 设定完成后，新添加的信号会出现在"控制面板—配置—I/O—Signal"界面中 6. 重复步骤 1～3，可继续添加需要的信号	控制面板 - 配置 - I/O - Signal 目前类型：　　　　　Signal 新增或从列表中选择一个进行编辑或删除。 DI10_1 编辑　　添加　　删除　　　　后退	

6.3 系统参数与I/O信号的关联配置

将数字输入信号与系统的控制信号关联起来，就可以对系统进行控制（例如电动机的开启、程序启动等）。系统的状态信号也可以与数字输出信号关联起来，将系统的状态输出给外围设备，以作控制之用。

（1）建立系统输入"Motors On"与数字输入信号DI10_1的关联

操作过程	示教器界面显示	备注
1. "控制面板" — "配置"，双击"System Input"	手动 1410-502677 () 防护装置停止 已停止（速度 100%） 控制面板 - 配置 - I/O 每个主题都包含用于配置系统的不同类型。 当前主题： I/O 选择您需要查看的主题和实例类型。 1 到 12 共 12 Access Level　　　　　　Cross Connection Device Trust Level　　　 DeviceNet Command DeviceNet Device　　　　DeviceNet Internal Device Industrial Network　　　 Route Signal　　　　　　　　 Signal Safe Level System Input　　　　　　System Output 文件　　主题　　显示全部　　关闭 控制面板　　ROB_1	
2. 单击"添加"	手动 1410-502677 () 防护装置停止 已停止（速度 100%） 控制面板 - 配置 - I/O - System Input 目前类型： System Input 新增或从列表中选择一个进行编辑或删除。 1 到 6 共 6 编辑　　添加　　删除　　后退 控制面板　　ROB_1	
3. 单击"Signal Name"	手动 1410-502677 () 防护装置停止 已停止（速度 100%） 控制面板 - 配置 - I/O - System Output - 添加 新增时必须将所有必要输入项设置为一个值。 双击一个参数以修改。 参数名称　　　　　　值　　　　1 到 2 共 2 Signal Name Status 确定　　取消 控制面板　　ROB_1	

续表

操作过程	示教器界面显示	备注
4. 选择"DI10_1" 5. 单击"确定"	手动 1410-502677 ○ 防护装置停止 已停止（速度 100%） 1017653464 - Signal Name 当前值： DI10_1 选择一个值。然后按"确定"。 DI10_1 确定　取消 ROB_1	
6. 双击"Action"	手动 1410-502677 ○ 防护装置停止 已停止（速度 100%） 控制面板 - 配置 - I/O - System Input 双击一个参数以修改。 参数名称　　值　　1 到 2 共 2 Signal Name　　DI10_1 Action 确定　取消 ROB_1	
7. 选择"Motors On" 8. 单击"确定"	手动 1410-502677 ○ 防护装置停止 已停止（速度 100%） 1017653464 - Action 当前值： MotorOn 选择一个值。然后按"确定"。 Motors On　　Motors Off Start　　Start at Main Stop　　Quick Stop Soft Stop　　Stop at end of Cycle Interrupt　　Load and Start Reset Emergency stop　　Reset Execution Error Signal Motors On and Start　　Stop at end of Instruction 确定　取消 ROB_1	
9. 确认设定的信息，单击"确定"	手动 1410-502677 ○ 防护装置停止 已停止（速度 100%） 控制面板 - 配置 - I/O - System Input 双击一个参数以修改。 参数名称　　值　　1 到 2 共 2 Signal Name　　DI10_1 Action　　Motors On 确定　取消 ROB_1	

续表

操作过程	示教器界面显示	备注
10. 点击"是",系统重启后完成设定	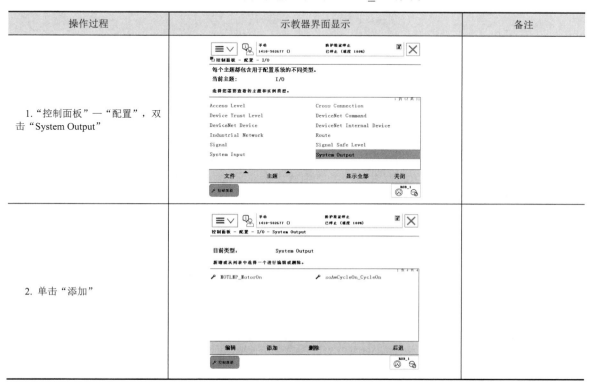	
11. 重复步骤 2~10,可以继续添加需要的输入信号		

（2）建立系统输出"Auto On"与数字输出信号 DO10_1 的关联

操作过程	示教器界面显示	备注
1. "控制面板"—"配置",双击"System Output"		
2. 单击"添加"		

续表

操作过程	示教器界面显示	备注
3. 单击"Signal Name"	控制面板 – 配置 – I/O – System Output – 添加 新增时必须将所有必要输入项设置为一个值。 攻击一个参数以修改。 参数名称 / 值 Signal Name Status 确定 取消	
4. 选择"DO10_1"	1017653536 – Signal Name 当前值： DO10_1 选择一个值。然后按"确定"。 doWZ2 / doWZ3 doWZ4 / doWZ_EXT doWZ_RES1 / doWZ_RES2 doWZ_RES3 / doWZ_RES4 soArcPreset1 / soArcPreset2 soArcPreset3 / soArcPreset4 DO10_1 / DO10_8 确定 取消	
5. 双击"Status"	控制面板 – 配置 – I/O – System Output – 添加 新增时必须将所有必要输入项设置为一个值。 攻击一个参数以修改。 参数名称 / 值 Signal Name / DO10_1 Status 确定 取消	
6. 选择"Auto On"，单击"确定"	1017653536 – Status 当前值： AutoOn 选择一个值。然后按"确定"。 Motor On / Motor Off Cycle On / Emergency Stop Auto On / Runchain Ok TCP Speed / Execution Error Motors On State / Motors Off State Power Fail Error / Motion Supervision Triggered Motion Supervision On / Path return Region Error 确定 取消	

续表

操作过程	示教器界面显示	备注
7. 单击"确定" 8. 确认设定的信息,单击"确定",重启后完成设定	控制面板 - 配置 - I/O - System Output - 添加 新增时必须将所有必要输入项设置为一个值。 双击一个参数以修改。 参数名称 … 值 Signal Name … DO10_1 Status … Auto On 确定 … 取消	
9. 重复步骤2~8,可以继续添加需要的输出信号	控制面板 - 配置 - I/O - System Output 目前类型: System Output 新增或从列表中选择一个进行编辑或删除。 MOTLMP_MotorOn … soA#CycleOn_CycleOn DO10_1_AutoOn … DO10_2_MotOnState 编辑 … 添加 … 删除 … 后退	

6.4 I/O 信号的监控

ABB 机器人可以对已定义的信号进行监控,也可以对 I/O 信号的状态或数值进行仿真和强制的操作,以便在机器人调试和检修时使用。仿真是对应输入信号,输入信号是外部设备发送给机器人的信号,所以机器人并不能对此信号进行赋值。但是在机器人编程测试时,可以模拟外部设备的信号场景,使用"仿真"操作来对输入信号赋值,也可以使用"消除仿真"操作使输入信回到之前的真正的值。强制操作是对应输出信号,对于输出信号,则可以直接进行强制赋值。

对 I/O 信号进行仿真操作

6.4.1 对 I/O 信号进行仿真操作

打开输入输出界面的操作步骤如下。

操作过程	示教器界面显示	备注
1. 主菜单中选择"输入输出"	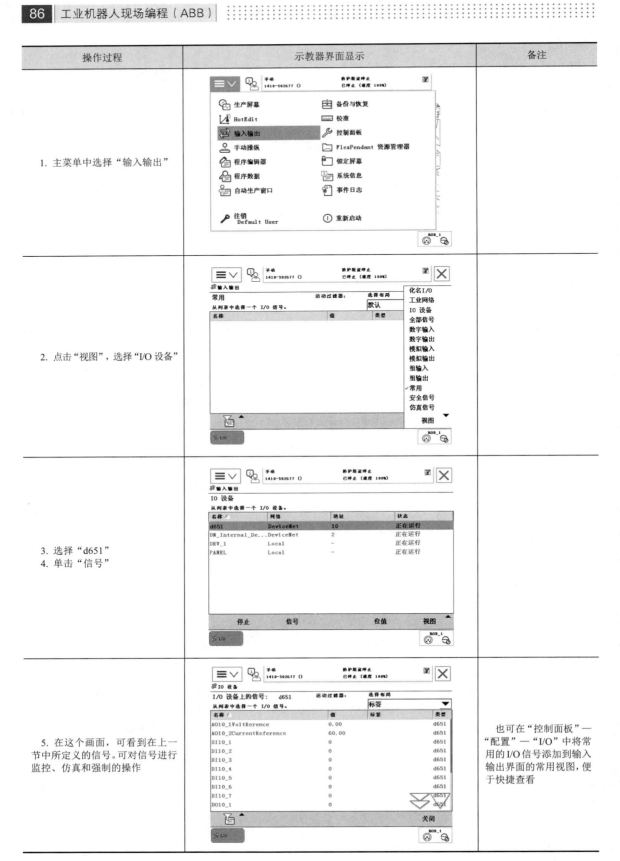	
2. 点击"视图"，选择"I/O 设备"		
3. 选择"d651" 4. 单击"信号"		
5. 在这个画面，可看到在上一节中所定义的信号。可对信号进行监控、仿真和强制的操作		也可在"控制面板"—"配置"—"I/O"中将常用的 I/O 信号添加到输入输出界面的常用视图，便于快捷查看

续表

操作过程	示教器界面显示	备注
6. 选中一个输入信号，如"DI10_1"点击"仿真"	I/O 设备上的信号：d651　活动过滤器：选择布局　默认 从列表中选择一个 I/O 信号。 名称／　值　类型　设备 AO10_1VoltReference　0.00　AO: 0-15 d651 AO10_2CurrentReference　60.00　AO: 16... d651 DI10_1　0　DI: 0　d651 DI10_2　0　DI: 1　d651 DI10_3　0　DI: 2　d651 DI10_4　0　DI: 3　d651 DI10_5　0　DI: 4　d651 DI10_6　0　DI: 5　d651 DI10_7　0　DI: 6　d651 DO10_1　1　DO: 32 0　1　仿真　关闭	
7. 单击"1"，将"DI10_1"的状态仿真为"1"	I/O 设备上的信号：d651　活动过滤器：选择布局　默认 从列表中选择一个 I/O 信号。 名称／　值　类型　设备 AO10_1VoltReference　0.00　AO: 0-15 d651 AO10_2CurrentReference　60.00　AO: 16... d651 DI10_1　1　DI: 0　d651 DI10_2　0　DI: 1　d651 DI10_3　0　DI: 2　d651 DI10_4　0　DI: 3　d651 DI10_5　0　DI: 4　d651 DI10_6　0　DI: 5　d651 DI10_7　0　DI: 6　d651 DO10_1　0　DO: 32 0　1　消除仿真　关闭	同样，单击"0"，可将"DI10_1"的状态仿真为"0"
8. 单击"消除仿真"，结束仿真	I/O 设备上的信号：d651　活动过滤器：选择布局　默认 从列表中选择一个 I/O 信号。 名称／　值　类型　设备 AO10_1VoltReference　0.00　AO: 0-15 d651 AO10_2CurrentReference　60.00　AO: 16... d651 DI10_1　0　DI: 0　d651 DI10_2　0　DI: 1　d651 DI10_3　0　DI: 2　d651 DI10_4　0　DI: 3　d651 DI10_5　0　DI: 4　d651 DI10_6　0　DI: 5　d651 DI10_7　0　DI: 6　d651 DO10_1　1　DO: 32 0　1　消除仿真　关闭	

6.4.2 对 I/O 信号进行强制操作

对 I/O 信号进行强制操作步骤如下。

对 I/O 信号进行强制操作

操作过程	示教器界面显示	备注
1. 选中一个输出信号，如"DO10_1"	I/O 设备上的信号：d651　活动过滤器：选择布局　默认 从列表中选择一个 I/O 信号。 名称　值　类型　设备 DI10_6　0　DI: 5　d651 DI10_7　0　DI: 6　d651 DO10_1　0　DO: 32　d651 DO10_2　0　DO: 33　d651 DO10_3　0　DO: 34　d651 DO10_4　0　DO: 35　d651 DO10_5　0　DO: 36　d651 DO10_6　0　DO: 37　d651 DO10_7　0　DO: 38　d651 DO10_8　0　DO: 39　d651 0　1　仿真　关闭	

续表

操作过程	示教器界面显示	备注
2. 通过单击"0"和"1"，对"DO10_1"的状态进行强制操作	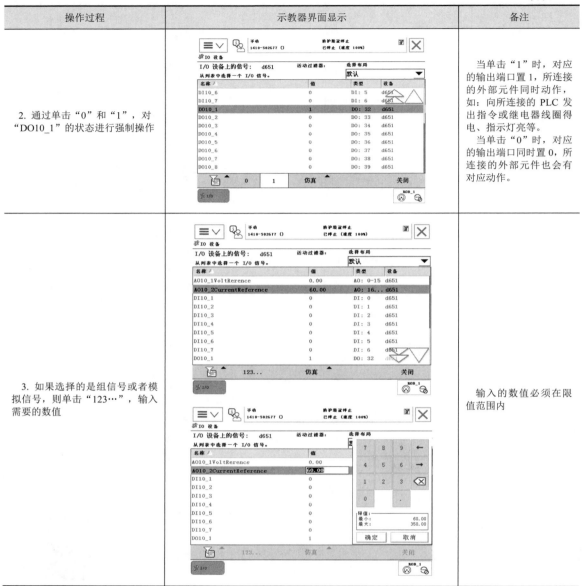	当单击"1"时，对应的输出端口置1，所连接的外部元件同时动作，如：向所连接的PLC发出指令或继电器线圈得电、指示灯亮等。 当单击"0"时，对应的输出端口同时置0，所连接的外部元件也会有对应动作。
3. 如果选择的是组信号或者模拟信号，则单击"123…"，输入需要的数值		输入的数值必须在限值范围内

> *注意：1. 对于输入信号，只能进行仿真操作，当选择输入信号时，其下方对应的"0"和"1"显示为灰色，表示不能进行强制操作。2. 对于输出信号，仿真操作和强制操作都可以。区别在于仿真操作时，其对应的输出端口不会有实际动作，如连接的电磁线圈不会得电吸合；而进行强制操作时，则对应的输出端口会有实际动作，如连接的电磁线圈会得电吸合等。因此，可以使用强制操作对于输出信号进行测试或在现场编程过程中辅助编程。

　　不同的机器人品牌、不同的型号、甚至不同的系统版本，关于系统输入/输出的定义细节可能有所区别，具体使用时需要查阅机器人对应的说明书。

思 考 题

ABB 机器人 I/O 通信的种类有哪些？常用的 ABB 机器人标准 I/O 板有哪些？

实 践 练 习

1. 练习配置 ABB 机器人标准 I/O 板。
2. 练习定义数字输入/输出信号。
3. 系统参数与 I/O 信号的关联配置。
4. 尝试对 I/O 信号进行仿真操作

第7章 工业机器人编程基础

学习目标：

1. 了解 ABB 机器人的编程语言 RAPID。
2. 了解编程语言 RAPID 常用的程序指令。
3. 了解程序数据。

"示教再现型工业机器人"的再现作业是按照事先编辑好的"应用程序"完成的。应用程序也叫做作业程序，是由一组运动及辅助功能指令语句组成，使用机器人语言编辑的程序，用以确定机器人特定的预期作业，这类程序通常由用户编制。本章以 ABB 机器人的编程语言为例，简单介绍 ABB 机器人程序的结构、程序和数据新建以及数据类型说明、常用指令及简单编程练习等编程基础。

7.1 RAPID 编程语言简介

ABB 机器人所采用的编程语言为 RAPID，属于动作级编程语言。RAPID 包含了一连串控制机器人的指令，以机器人的运动为描述中心，一般一个指令对应一个动作。这些指令可以移动机器人、设置输出、读取输入，还能实现决策、重复其他指令、构造程序、与系统操作员交流等。RAPID 语言简单，易于编程，对于作业现场的示教编程有较大的优势。

7.1.1 RAPID 应用程序

RAPID 应用程序就是使用 RAPID 编程语言按照特定语法编写而成的程序。通常一个 RAPID 应用程序包含一个任务，每个任务包含一个 RAPID "程序"和"系统模块"，并实现一种特定的功能（如搬运或焊接等）。

7.1.2 RAPID 应用程序的结构

RAPID 应用程序是由程序（Program）与系统模块（Program modules）组成，其结构如图 7.1 所示。

（1）程序的组成

程序是由主模块和程序模块组成。

主模块（Main module）包含主程序（Main routine）和程序模块。在一个完整的应用程序中，一般只允许存在一个主程序"main"。主程序可以存在于任意一个程序模块中。

"程序模块"包含特定作用的数据（Program data）、例行程序（Routine）、中断程序（Trap）和功能（Function）四种对象，但不一定在一个模块中都有这四种对象。所有程序模块之间的数据、例行程序、中断程序和功能无论存在什么位置，全都被系统共享，是可以互相调用的，因此，除特殊设定以外，名称不能重复。

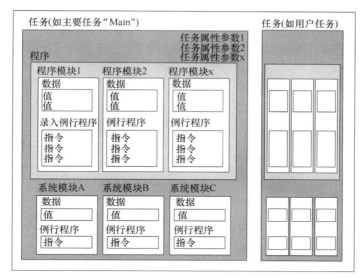

图 7.1 RAPID 应用程序的结构

"数据"是程序或系统模块中设定的值和定义。数据可以由同一模块或若干模块中的指令引用。

"例行程序"包含一些指令集，它定义了机器人系统实际执行的任务。例行程序也包含了指令需要的数据。例行程序相当于是子程序，可以是一个，也可以是多个。

"录入例行程序"就是主程序"main"这个特殊例行程序，作为执行程序的入口。每个程序必须含有名为"main"的录入例行程序，否则程序无法执行。

"指令"是对特定事件的执行请求。例如"运行工具中心点 TCP 到特定位置"或"等待几秒"等。

"功能"与指令相似，并且在执行完后可以返回一个数值。

（2）系统模块的组成

系统模块包含系统数据（System data）和例行程序。系统模块多用于系统方面的控制，通常由机器人制造商或生产线建立者编写。所有 ABB 机器人都自带两个系统模块：USER 模块和 BASE 模块，使用时对系统自动生成的任何模块不能进行修改。

7.2　常用程序指令认识

ABB 机器人的 RAPID 编程语言提供了丰富的程序指令，用于完成各种机器人运动、作业或辅助作业的应用。

7.2.1　RAPID 程序指令的分类

机器人的 RAPID 应用程序是由不同的指令语句组成，如运动指令、赋值指令等（见附录 2）。RAPID 程序指令按照功能和用途可以分类如下。

① 程序执行的控制指令：主要用于与程序调用、停止、例行程序内的逻辑控制等相关的操作。

例如：ProcCall 调用例行程序。

② 变量指令：主要用于对数据赋值、等待、注释、程序模块控制。

例如：WaitTime 等待指令，是让机器人等待一个指定的时间（Time 机器人等待的时间），程序再往下执行。

③ 运动设定指令：主要用于设定与速度相关的操作。

例如：Accset 定义机器人的加速度。

④ 运动控制指令：主要用于机器人路径、载荷、位置等运动相关的设定，此类指令是机器人运动使用较多的指令。

⑤ 输入 / 输出信号的处理指令：主要用于机器人在程序中对输入 / 输出信号进行读取与赋值以及 I/O 模块的控制。

例如：InvertDO 对一个数字输出信号的值置反。

⑥ 通信功能指令：主要用于人机对话，如示教器上人机界面的功能、通过串口进行读写、与远程计算机交互数据等。

例如：TPWrite String，写屏指令，其中 String 为在示教器显示屏上显示的字符串。每一个写屏指令最多可显示 80 个字符。

⑦ 中断程序指令：主要用于中断条件设定以及对中断的控制。中断经常会用于出错处理、外部信号的响应这种实时响应要求高的场合。

⑧ 系统相关的指令：主要用于计时器、日期、时间的相关设定。

⑨ 数学运算指令：主要有简单运算、算术功能。

例如：Add 加或减操作。

7.2.2　机器人基本运动指令

机器人在空间中的基本运动主要有绝对位置运动（MoveAbsJ）和关节运动（MoveJ）、直线运动（MoveL）、圆弧运动（MoveC）四种方式。以图 7.2 为例，讲解这四种方式的运动指令。图 7.2 中，机器人 TCP 的运动轨迹和运动方式描述如下：

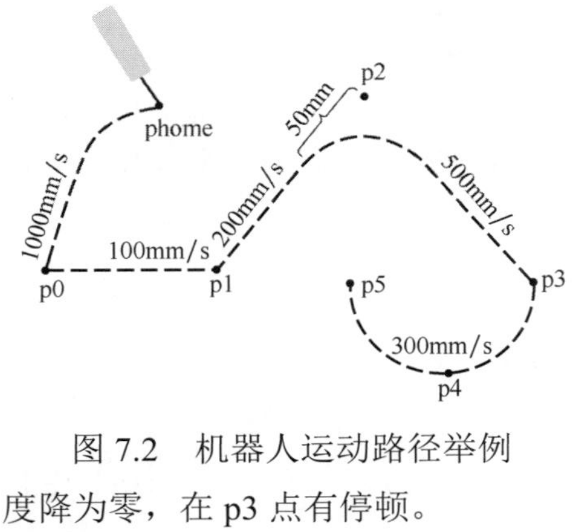

图 7.2　机器人运动路径举例

① 初始位置在 Phome 点：机器人 TCP 以绝对位置运动方式定位。

② phome 点到 p0 点：以关节运动方式。

③ p0 点到 p1 点：以直线运动方式，且在 p1 点速度降为零，在 p1 点有停顿。

④ p1 点到 p2 点：以直线运动方式，但机器人 TCP 不达到 p2 点，而是距离 p2 点 50mm。

⑤ p2 点到 p3 点：以直线运动方式，且在 p3 点速度降为零，在 p3 点有停顿。

⑥ p3 点到 p5 点：以圆弧运动方式，其中 p4 点为圆弧上的一点。

（1）绝对位置运动指令（MoveAbsJ）

绝对位置运动指令与 MoveJ 指令同为转轴运动，机器人的运动是使用六个轴和外轴的角度值（见图 7.3）来定义目标位置数据，路径不可测。一般用于回原点等能够明确各轴转角的场合，MoveAbsJ 常用于机器人六个轴回到机械原点的位置（参阅本书 2.4 章节）。

名称	值
rax_1 :=	0
rax_2 :=	0
rax_3 :=	0
rax_4 :=	0
rax_5 :=	0
rax_6 :=	**0**

名称	值
eax_a :=	9E+09
eax_b :=	9E+09
eax_c :=	9E+09
eax_d :=	9E+09
eax_e :=	9E+09
eax_f :=	9E+09

（a）机器人各轴转角　　　　　　　（b）机器人外部轴转角

图 7.3　机器人六个轴和外轴的转角参数

图 7.2 中，绝对位置运动指令 MoveAbsJ 示例如下：

MoveAbsJ phome\NoEOffs，　v1000，　z10，　tool1\Wobj：=wobj1；

指令中各参数说明见表 7.1。

表 7.1　MoveAbsJ 指令参数说明

参数	含义	数据类型	修改方法
phome	目标点位置数据	jointtarget	双击要修改的位置数据处，进入窗口，选择已有 jointtarget 数据或新建
\NoEOffs	外轴不带偏移数据		请查阅本书 8.3 节"功能 offs 的使用"
v1000	机器人运动速度数据（mm/s）	speeddata	将光标移至速度数据处，双击进入窗口；选择所需速度
z10	转弯区尺寸数据（mm）	zonedata	将光标移至转弯区尺寸数据处，双击进入窗口；选择所需转弯区尺寸，也可以自定义
tool1	工具坐标数据，定义当前指令使用的工具坐标	tooldata	请查阅本书 4.3 节
wobj1	工件坐标数据，当前指令使用的工件坐标	wobjdata	请查阅本书 4.2 节

① 目标点位置数据说明：新添加的指令常用*代替目标点，没有识别特点，一般修改为易识别或记忆的带名称目标点，如 PHome，p0 等。

② 转弯区尺寸数据说明：fine 指机器人 TCP 精确达到目标点，且在目标点速度降为零（见图 7.2 中的 p0、p1、p3 点），机器人动作有停顿然后再向下运动。焊接编程时，必须用 fine 参数；如果是一段路径的最后一个点，也要用 fine 参数。

zone 指机器人 TCP 不达到目标点，而是在距离目标点一定长度（通过编程确定，如 z10）处动作圆滑流畅绕过目标点，如图 7.2 中的 p2 点。数值越大，转弯半径越大，距离目标点越远，机器人的动作路径就越圆滑流畅。

（2）关节运动指令（MoveJ）

关节运动指令是对路径精度要求不高的情况下，机器人的工具中心点 TCP 从当前位置以最快捷的方式运动到目标位置，两个位置之间的路径不一定是直线，但不容易在运动过程中出现关节轴进入机械奇点（机械死点，机器人卡住无法移动）的问题。因路径不可测，关节运动适合机器人大范围运动时点到点的移动。

图 7.2 中，关节运动指令 MoveJ 示例如下：

MoveJ p0，　v1000，　fine，　tool1\Wobj：=wobj1；　　　　　　　phome 点到 p0 点

指令中各参数说明见表 7.2，与表 7.1 中相同参数不再说明，以下类似情况同样处理。

表 7.2　MoveJ 指令参数说明

参数	含义	数据类型	修改方法
p0	目标点位置数据	robotarget	双击要修改的位置数据处，进入窗口，选择已有 robotarget 数据或新建

（3）直线运动指令（MoveL）

直线运动是机器人的 TCP 从起点到终点之间的路径始终保持为直线。直线由起点和终点确定，因此在使用直线运动指令时只需要示教确定运动路径的起点和终点。一般如焊接、涂胶等应用对路径要求高的场合使用此指令。

图 7.2 中，直线运动指令 MoveL 示例如下：

MoveL　p1，　　v100，　　fine，　　tool1\Wobj：=wobj1；　　　p0 点到 p1 点

MoveL　p2，　　v200，　　z50，　　tool1\Wobj：=wobj1；　　　p1 点到 p2 点

MoveL　p3，　　v500，　　fine，　　tool1\Wobj：=wobj1；　　　p2 点到 p3 点

（4）圆弧运动指令（MoveC）

圆弧由起点、中点和终点三点确定，使用圆弧运动指令就是在机器人可到达的控件范围内定义这三个位置点。第一个点是圆弧的起点，第二个点确定圆弧的曲率，第三个点是圆弧的终点。

图 7.2 中，圆弧运动指令 MoveC 示例如下：

MoveC p4，　p5，　v300，　z1，　tool1\Wobj：=wobj1；　　　　p3 点到 p5 点

其中起点为 p3，也就是机器人的原始位置，使用 MoveC 指令时会自动显示需要确定的另外两点，即中点和终点，将其分别定义到 p4 点和 p5 点即可。

指令中各参数说明见表 7.3。

表 7.3　MoveC 指令参数说明

参数	数据类型	含义
p3	robotarget	圆弧的第一个点，起点
p4	robotarget	圆弧的第二个点，曲率
p5	robotarget	圆弧的第三个点，终点

7.2.3　功能 FUNCTION

功能一般镶嵌在指令中，与指令相似，且执行完后可以返回一个数值。使用"功能"可以有效地简化编程和提高程序执行的效率。常用的功能有 Abs 和 Offs。

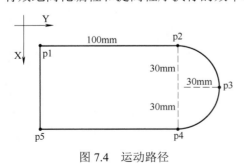

图 7.4　运动路径

（1）功能 Abs

Abs 函数的作用是取绝对值，会反馈一个参变量。

例：reg1：= Abs（reg3）；　　reg3 取绝对值并把结果反馈赋值给 reg1

（2）功能 Offs

Offs 函数的作用是偏移，会反馈一个参变量。

指令格式：Offs（p1，a，b，c）

表示目标位置点距离 p1 点在 X 轴偏移量为 a，Y 轴偏移量为 b，Z 轴偏移量为 c。圆弧运动指令与直线运动指令一样，都可以使用 Offs 函数精确定义运动路径。

例：使机器人 TCP 沿图 7.4 所示的路径运动，从起始点 p1，经过 p2、p3、p4、p5 点，回

到起始点 p1。为了精确确定 p1、p2、p3、p4、p5 点，可以采用 Offs 函数进行确定运动路径的数值。

程序如下：

MoveL p1，V100，fine，tool1；　到达 p1 点

MoveL Offs（p1，0，100，0），V100，fine，tool1；　到达 p2 点

MoveC Offs（p2，30，30，0），Offs（p2，60，0，0），v200，z1，tool1；　圆弧 p2～p4

MoveL Offs（p1，60，0，0），V100，fine，tool1；　到达 p5 点

MoveL　P1，V100，fine，tool1；　　返回 p1 点

7.2.4　运行速度控制指令

每个机器人运行指令均有一个运行速度，在执行运动速度控制指令 VelSet 后，机器人实际运行速度为运动指令规定运行速度乘以机器人运行速率，并且不超过机器人最大运行速度，速度一般最高为 5000mm/s，在手动限速模式下，运动速度限速为 250mm/s。

示例如下：

VelSet　100，5000

指令中各参数说明见表 7.4。

表 7.4　VelSet 指令参数说明

参数	含义	数据类型	修改方法
100	机器人运行速率（%）		将光标移至运行速率处，回车，进入窗口；输入所需速率
5000	机器人最大速度（mm/s）	speeddata	将光标移至速度数据处，回车，进入窗口；选择所需速度

7.2.5　赋值指令

赋值指令用于对程序数据进行赋值。被赋予的值可以是包括从常量值到任意的表达式中的任何一个。

指令格式：Date　：＝　Value

指令中各参数说明见表 7.5。

表 7.5　赋值指令参数说明

参数	含义	数据类型	修改方法
Date	被赋值的数据	所有	将光标移至 Date 处，回车，进入窗口；选择或输入所需被赋值的数据
Value	被赋予的值	和 Data 一样	将光标移至 Value 处，回车，进入窗口；输入所需被赋予的值

例 1　　reg1：=5；　数值 5 赋给 reg1。

例 2　　reg1：= reg1+1；　reg1 增加 1。

例 3　　reg1：=reg2+2*reg3；　reg2+2*reg3 计算返回的数值赋给 reg1。

7.2.6　逻辑控制指令

逻辑控制指令用于判断条件，执行对应的操作，是 RAPID 程序中常用的指令类型。

① IF：判断执行指令，判断语句的结果，根据满足不同的条件，执行对应的程序段。IF 指令有多种使用方式，可以根据需求灵活应用。常见指令格式如下：

指令格式 1：

IF　<exp> THEN；判断符合<exp>条件

　　"yes- part"　；执行"yes- part"部分指令

ENDIF　　　　；判断结束

指令格式 2：

IF　<exp> THEN；判断符合<exp>条件

　　"yes- part"　；执行"yes- part"部分指令

ELSE　　　　；判断不符合<exp>条件

　　"not- part"　；执行"not- part"部分指令

ENDIF　　　　；判断结束

指令格式 3：

IF　<exp1> THEN　；判断符合<exp1>条件

　　"yes- part1"　；执行"yes- part1"部分指令

ELSE　　IF　<exp2> THEN　；判断符合<exp2>条件

　　"yes- part2"　；执行"yes- part2"部分指令

ELSE　　　　；判断不符合<exp>条件

　　"not- part"　；执行"not- part"部分指令

ENDIF　　　　；判断结束

例：编写程序，使 reg1 在等于 5 时 reg1 赋值为 0，同时执行例行程序 rehome。否则执行例行程序 Loop，执行后 reg1 加 1。程序如下：

　　　　reg1：=0 ；

IF　reg1：=5　THEN

　　Reg1：=0 ；

　　rehome ；

ELSE

　　Loop ；

　　reg1： = reg1+1 ；

ENDIF　　　　；

② WHILE：循环执行指令，运行时，机器人循环直到不满足判断条件后，才跳出循环指令，执行后面的指令。

指令格式：

WHILE true DO　　循环开始

　　　"yes- part"　；执行"yes- part"部分指令

ENDWHILE　　循环结束

③ FOR：重复执行判断指令，用于一个或多个指令需要重复执行次数的情况。

例：Reg2 加 1，重复执行 6 次。

FOR a FROM 1 TO 6 DO

　　Incr Reg2

ENDFOR

7.2.7　I/O 控制指令

I/O 控制指令用于控制 I/O 信号，以达到与机器人周边设备进行通信的目的。

① Set：数字信号置位指令，用于将数字输出信号（Digital Output）置位为"1"，在输出

信号对应 I/O 板的信号端口输出直流 24V 电压。

例：Set DO 1；　　将数字输出信号 DO1 置位为"1"。

② Reset：数字信号复位指令，用于将数字输出信号（Digital Output）置位为"0"，在输出信号对应 I/O 板的信号端口断开直流 24V 电压输出。

例：Reset DO 1；　　将数字输出信号 DO 1 置位为"0"。

注意：如果在 Set、Reset 指令前有运动指令 MoveAbsJ、MoveJ、MoveL、MoveC，转弯区数据必须使用 fine 才能准确地输出 I/O 信号状态的变化。

③ WaitDI：数字输入信号判断指令，用于判断数字输入信号的值是否与目标一致。

例：WaitDIdi1，1；　　等待数字输入信号 di1 的值为 1。

如果 di1 为 1，则程序继续往下执行；如果到达最大等待时间 300s（此时间可根据实际进行设定）以后，di1 的值还不为 1，则机器人报警或进入出错处理程序。

④ WaitDO：数字输出信号判断指令，用于判断数字输出信号的值是否与目标一致。

例：WaitDOdo1，1；　　等待数字输出信号 do1 的值为 1。

⑤ WaitUntil：信号判断指令，用于布尔量、数字量和 I/O 信号值的判断，如果条件到达指令中的设定值，程序继续往下执行，否则就一直等待，除非设定了最大等待时间。

例：WaitUntildi1=1；　　一直等待数字输入信号 di1 的值为 1。

7.2.8　其他常用指令

① ProcCall：调用例行程序指令，通过使用此指令在指定的位置调用例行程序。

② Stop：停止运行指令，机器人在当前指令行停止运行，属于软停止指令（SOFT STOP），可以直接在下一句指令启动机器人。相当于示教器上左下角的 STOP 键。

③ Exit：停止运行指令，机器人在当前指令行停止运行，并且复位整个运行程序，将程序指针移至主程序第一行。下次运行程序时，机器人程序必须从头开始。

④ WaitTime：时间等待指令，用于程序在等待一个指定的时间以后，再继续向下执行。

例：WaitTime6；　　等待 6s

7.3　程序数据（Program data）

7.3.1　程序数据的概念

程序数据是在程序或系统模块中设定值和定义一些环境的数据。创建的程序数据由同一个模块或其他模块中的指令引用，其可用性取决于数据类型。如本书 7.2.2 章节中一条常用的机器人绝对位置运动指令（MoveAbsJ）就调用了 6 个程序数据。RAPID 应用程序的每句指令由不同的程序数据组成，程序数据视它们自己的类型，可改变或省略。

7.3.2　常用程序数据

ABB 机器人的程序数据共有 76 个，并且可以根据实际情况进行程序数据的创建。在示教器的"程序数据"窗口可查看和创建所需要的程序数据，如图 7.5 所示。

（1）常用的程序数据

根据不同的数据用途，定义了不同的程序数据，表 7.6 是机器人系统中常用的程序数据。

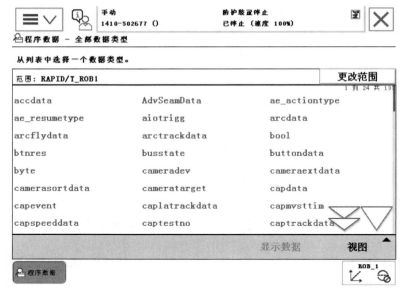

图 7.5　ABB 机器人的程序数据

表 7.6　**ABB 机器人常用的程序数据**

程序数据	说明
bool	布尔量
byte	整数数据 0～255
clock	计时数据
dionum	数字输入/输出信号
extjoint	外轴位置数据
intnum	中断标志符
jointtarget	关节位置数据
loaddata	负荷数据
mecunit	机械装置数据
num	数值数据
orient	姿态数据
pos	位置数据（只有 X、Y 和 Z）
pose	坐标转换
robjoint	机器人轴角度数据
robtarget	机器人与外轴的位置数据
speeddata	机器人与外轴的速度数据
string	字符串
tooldata	工具数据
trapdata	中断数据
wobjdata	工件数据
zonedata	TCP 转弯半径数据

系统中还有针对一些特殊功能的程序数据，在对应的功能说明书中会有相应的详细介绍，可以查看随机光盘电子版说明书，也可以根据需要新建程序数据类型。

（2）程序数据的存储类型

① 变量（VAR） 变量型数据在程序执行的过程中和停止时，会保持当前的值。但如果程序指针被移到主程序后，数值会丢失。在机器人执行的 RAPID 程序中执行变量型数据的赋值，在指针复位后将恢复为初始值。

② 可变量（PERS） 可变量最大的特点是，无论程序的指针如何，都会保持最后赋予的值。在程序中也可以对可变量存储类型程序数据进行赋值，在程序执行以后，赋值的结果会一直保持，直到对其进行重新赋值。

③ 常量（CONST） 常量的特点是在定义时已赋予了数值，并不能在程序中进行修改，除非手动修改。存储类型为常量的程序数据，不允许在程序中进行赋值的操作。

7.3.3 新建数据

程序数据的建立一般可以分为两种形式：一种是直接在示教器中的程序数据画面中建立程序数据；另一种是在建立程序指令时，同时自动生成对应的程序数据。以下，以建立 6 个 num 数据：reg1、reg2、…、reg6 为例，说明直接在示教器的程序数据画面中建立程序数据的方法。

新建程序数据

建立程序数据的操作步骤如下。

操作过程	示教器界面显示	备注
1. 在"主菜单"中，选择"程序数据"	手动 1410-502677 () 防护装置停止 已停止（速度 100%） 生产屏幕　　　　备份与恢复 HotEdit　　　　校准 输入输出　　　　控制面板 手动操纵　　　　FlexPendant 资源管理器 程序编辑器　　　锁定屏幕 程序数据　　　　系统信息 自动生产窗口　　事件日志 注销 Default User　重新启动 ROB_1	
2. 显示数据类型的列表。点击"视图"可在显示"全部数据类型"和"已用数据类型"界面切换	手动 1410-502677 () 防护装置停止 已停止（速度 100%） 程序数据 – 已用数据类型 从列表中选择一个数据类型。 范围: RAPID/T_ROB1　　　　更改范围 1 到 6 共 6 clock　　　jointtarget　　loaddata num　　　　tooldata　　　wobjdata 全部数据类型 ✓已用数据类型 显示数据　　视图 程序数据　　ROB_1	

续表

操作过程	示教器界面显示	备注
3. 点击要创建的数据实例类型。本例选择"num" 4. 单击"显示数据"	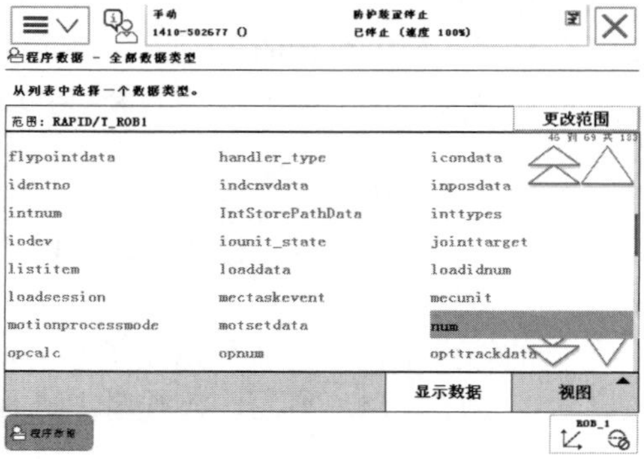	
5. 点击"新建"	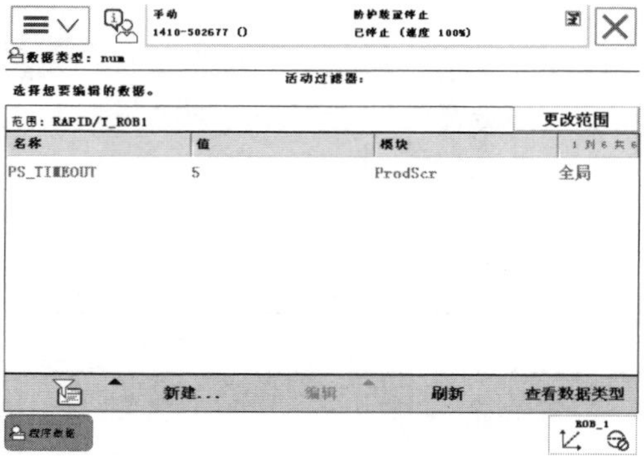	
6. 设定名称等参数，数据设定参数及说明见表7.7 7. 设定完成后单击"确定"完成设定	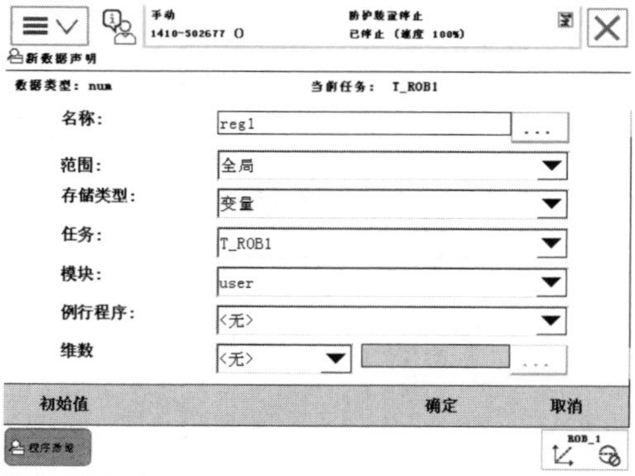	
8. 重复步骤3～7逐一设定6个数据 reg1、reg2、…、reg6	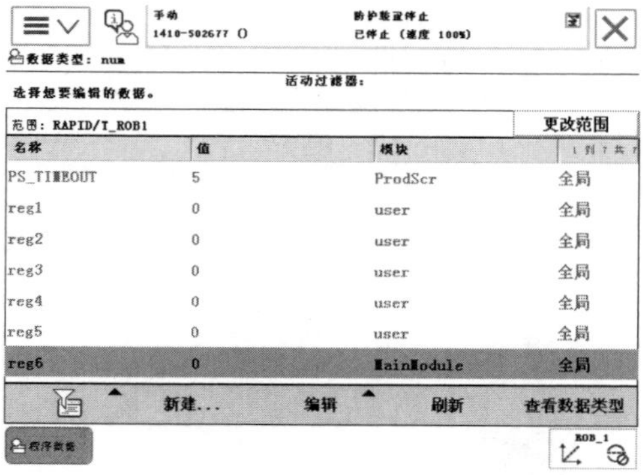	

表 7.7　数据设定参数说明

设定参数	说　　明
名称	设定数据的名称
范围	设定数据可使用的范围
存储类型	设定数据的可存储类型
任务	设定数据所在的任务
模块	设定数据所在的模块
例行程序	设定数据所在的例行程序
维数	设定数据的维数
初始值	设定数据的初始值

> ＊ 有关 tooldata、wobjdata 和 loaddata 等类型数据的建立，请查阅本书 4.2 章节。

7.3.4　编辑数据

编辑数据的操作步骤如下。

操作过程	示教器界面显示	备注
1. 在主菜单，选择"程序数据"。显示所有可用数据类型的列表 2. 点击想要查看的实例数据类型，然后点击 "显示数据"以删除数据	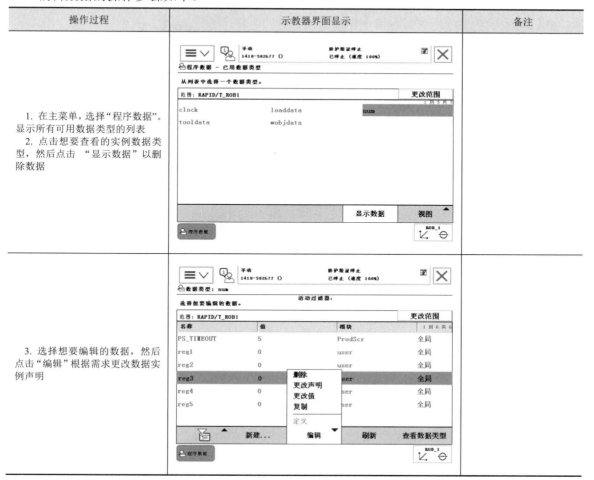	
3. 选择想要编辑的数据，然后点击"编辑"根据需求更改数据实例声明		

在第 3 步中可以选择以下操作。

删除：删除数据实例。

更改声明：复制数据实例。

更改值：定义工具框（仅用于工具、工件和载荷数据）。

复制：复制数据实例。

定义：工具框（仅用于工具、工件和载荷数据）。

修改数据实例的位置：只有 robtarget 和 jointtarget 数据类型实例才能使用修改位置功能（当前的活动工件和工具将用于操作中。在"程序数据"窗口中修改位置时，须确保选取了正确的工件和工具。系统不会自动对此进行验证）。

思　考　题

1. 什么是 RAPID 应用程序？

2. 简述 RAPID 应用程序的结构。

3. 简述 RAPID 程序指令的分类。

4. 什么是程序数据？

实　践　练　习

1. 分别使用绝对位置运动指令、关节运动指令、直线运动指令、圆弧运动指令四种方式编辑工业机器人运动指令，观察各指令执行情况。

2. 尝试使用功能 Abs、Offs 指令编程，观察其执行结果。

3. 尝试使用赋值指令编程，并观察其执行结果。

4. 尝试分别使用 IF THEN、WHILE、FOR 逻辑控制指令编程，并观察各指令执行结果。

5. 尝试使用 I/O 控制指令编程，并观察各指令执行结果。

6. 尝试使用 ProcCall 指令调用例行程序，并观察其执行结果。

7. 尝试使用 WaitTime 指令编程，并观察其执行结果。

8. 尝试新建并编辑程序数据。

第3篇 应 用 篇

● 工业机器人简单轨迹示教编程实例   ● 工业机器人典型应用实例

第8章 工业机器人简单轨迹示教编程实例

学习目标：

1. 了解编程前的准备事项。
2. 了解程序编辑器的基本元素。
3. 知道程序存储路径的查看方法。
4. 了解程序与例行程序，并掌握新建、编辑、保存程序与例行程序的方法。
5. 学会简单的轨迹示教编程。
6. 掌握功能 offs 的使用方法。
7. 掌握调试运行程序的方法。
8. 掌握程序自动运行的方法。

前面我们知道了"示教再现型工业机器人"是按照事先编辑好的程序"再现"作业的，这个程序一般是由操作者示教机器人并记录运动轨迹而形成的。这个过程就是"示教编程"。

对 ABB 机器人编程有多种方式，可以通过示教器和使用 Robot Studio Online 进行在线编辑；也可以使用文本编辑软件在电脑中进行离线编辑，然后使用 U 盘或通过网络将程序上传到机器人控制系统。

机器人的作业主要是控制机器人末端工具的位置和姿态，实现：点到点控制（PTP），如搬运、点焊等；连续路径控制（CP），如弧焊、喷漆等，也称为位姿控制或轨迹控制。本章主要内容为通过示教器对 ABB 机器人简单的现场示教与轨迹编程。

8.1 编程准备事项

8.1.1 新建程序之前

如果直接编程，可能会在程序编辑或运行的过程中发现缺少一些必要的对象导致需要跳出编程定义对象或调试运行时达不到理想的效果，因此在开始编程前需要做以下准备工作。

① 首先确保已在机器人系统安装过程中设置了基坐标系和大地坐标系。同时确保附加轴也已设置。

② 还需要事先根据实际情况定义一些基本对象：工具数据、工件坐标数据和有效载荷。

③ 配置 I/O 单元、创建 I/O 信号并关联系统。

以上的准备工作做好后就可以开始编程了，之后更多的对象可以随时返回再定义。

8.1.2　程序编辑器的基本元素

（1）程序编辑器

如果在"程序编辑器"和其他视图之间切换并再次返回，只要程序指针未移动，"程序编辑器"将显示同一代码部分。如果程序指针已移动，"程序编辑器"将在程序指针位置显示代码。同样的行为还适用于"运行时窗口"。

（2）程序内容的查看

当一个程序或指令较长，屏幕不能全部显示或需要调整大小便于查看时，可以使用屏幕上的黄色标识进行上下左右滚动，也可以进行放大或缩小。各黄色标识含义如图8.1所示。

（3）光标的含义

在编辑程序或调试程序时，常常需要移动光标。光标可表示当前所选择的一个完整的指令或一个数据。光标位置在"程序编辑器"中为蓝色背景突出显示，如图8.1所示。

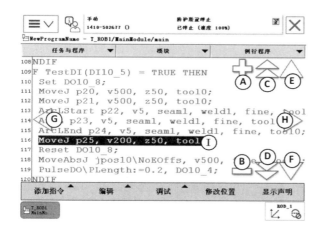

元素	功能说明
A	放大
B	缩小
C	向上滚动一页
D	向下滚动一页
E	向上滚动一行
F	向下滚动一行
G	向左滚动
H	向右滚动
I	光标

图8.1　程序中各黄色标识和光标含义

（4）程序指针

在 RAPID 编程语言中，程序指针（PP）就是一个指向当前正在编辑或打算运行的指令指针。无论按 FlexPendant 上的"启动"、"步进"或"步退"按钮运行程序，程序都将从"程序指针"指令处执行。但是，如果程序停止时光标移至另一指令处，则程序指针可移至光标位置（或者光标可移动至程序指针），程序执行也可从该处重新启动。"程序指针"在"程序编辑器"和"运行时窗口"中的程序代码左侧显示为紫色箭头，如图8.2所示 B 就是程序指针。

（5）动作指针

动作指针（MP）是机器人当前正在执行的指令。通常比"程序指针"落后一个或几个指令，因为系统执行和计算机器人路径比执行和计算机器人移动更快。"动作指针"在"程序编辑器"和"运行时窗口"中的程序代码左侧为紫色的一个小机器人图标显示，如图8.2所示 A 就是动作指针。

图8.2　程序指针

8.2 程序与例行程序

一般通过新建程序模块来构建机器人的程序，可以根据不同的用途创建多个程序模块，如

文件保存路径

专门用于主控制的程序模块、用于位置移动的程序模块、用于存放数据的程序模块等，这样便于归类管理，使程序整体结构清晰，有利于编写、调试和修改等程序的处理。

8.2.1 程序存储路径

ABB 机器人 RAPID 应用程序是以目录的形式保存，目录名可自定义，一般可以带工件编号或日期以便识别。查看程序存储路径步骤如下。

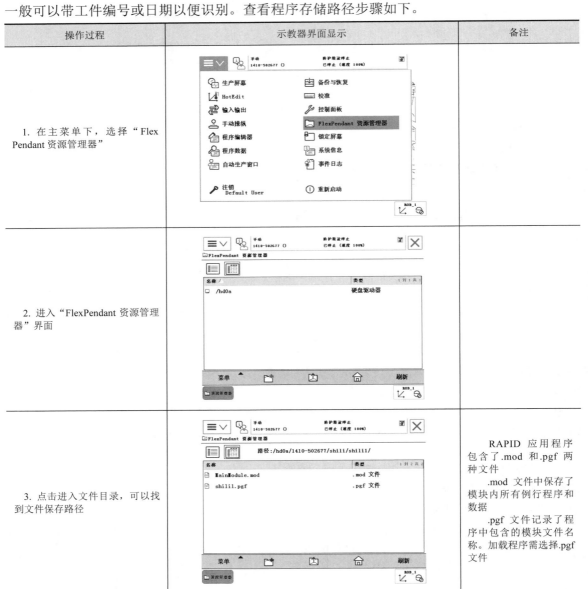

操作过程	示教器界面显示	备注
1. 在主菜单下，选择"Flex Pendant 资源管理器"		
2. 进入"FlexPendant 资源管理器"界面		
3. 点击进入文件目录，可以找到文件保存路径		RAPID 应用程序包含了 .mod 和 .pgf 两种文件 .mod 文件中保存了模块内所有例行程序和数据 .pgf 文件记录了程序中包含的模块文件名称。加载程序需选择 .pgf 文件

8.2.2 新建/重命名/加载程序

新建程序

例：新建一个程序并且命名为shili1，对这个程序新建、重命名与加载的操作步骤如下。

操作过程	示教器界面显示	备注
	<新建程序>	
1. 在主菜单下，选择"程序编辑器"，若当前无程序，会提示新建程序	手动 1410-502677 () 防护装置停止 已停止（速度 100%） 生产屏幕　备份与恢复 HotEdit　校准 输入输出　控制面板 手动操纵　FlexPendant 资源管理器 程序编辑器　锁定屏幕 程序数据　系统信息 自动生产窗口　事件日志 注销 Default User　重新启动 ROB_1	
2. 选择"任务与程序" 3. 点击"文件"可对程序进行新建、加载、另存、重命名、删除操作 4. 点击"新建"，如当前有程序会提示是否保存当前程序	手动 1410-502677 () 防护装置停止 已停止（速度 100%） 程序编辑器 任务与程序 任务名称　程序名称　类型　1 到 1 共 1 T_ROB1　NewProgramName　Normal 新建程序… 加载程序… 另存程序为… 重命名程序… 删除程序… 文件　　显示模块　打开 T_ROB1 MainMo.　ROB_1	
5. 点击"保存"，以免丢失程序	手动 1410-502677 () 防护装置停止 已停止（速度 100%） 程序编辑器 任务与程序　新程序 任务名称　任务 'T_ROB1' 已有程序。　1 到 1 共 1 T_ROB1　点击"保存"以在替换 'NewProgramName' 之前将其保存。 点击"不保存"以替换 'NewProgramName' 且不保存。 保存　不保存　取消 文件　　显示模块　打开 T_ROB1 MainMo.　ROB_1	如果选择"不保存"则原有程序将不会被保存，直接进入步骤10

续表

操作过程	示教器界面显示	备注
6. 点击"确定"	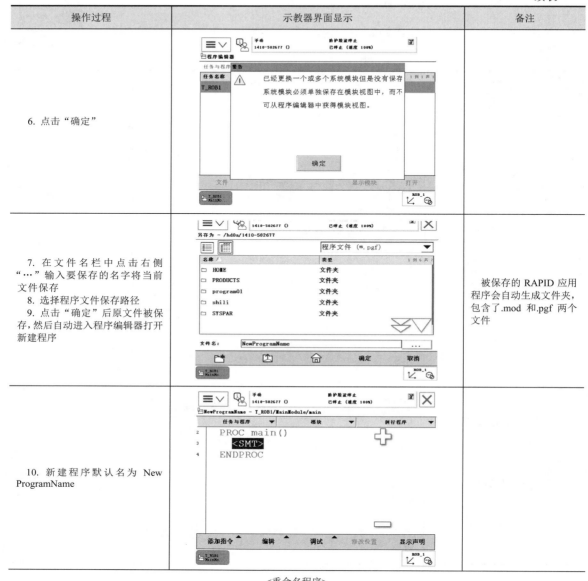	
7. 在文件名栏中点击右侧"…"输入要保存的名字将当前文件保存 8. 选择程序文件保存路径 9. 点击"确定"后原文件被保存，然后自动进入程序编辑器打开新建程序		被保存的 RAPID 应用程序会自动生成文件夹，包含了.mod 和.pgf 两个文件
10. 新建程序默认名为 New ProgramName		

<重命名程序>

 重命名程序 1. 选择"任务与程序"，回到<新建程序>步骤 2 界面下，选择"重命名"。 2. 输入文件名，如"shili1" 3. 点击"确定"。程序将被重命名	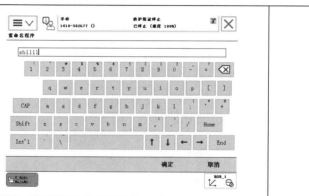	

续表

操作过程	示教器界面显示	备注
	<加载程序>	
1. 若想编辑已有程序，则选择"加载程序"	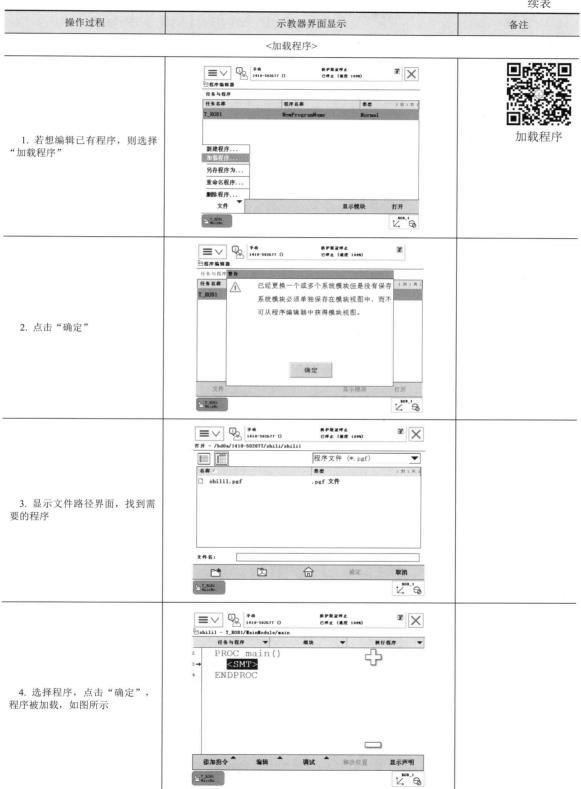	加载程序
2. 点击"确定"		
3. 显示文件路径界面，找到需要的程序		
4. 选择程序，点击"确定"，程序被加载，如图所示		

新建例行程序

8.2.3 新建例行程序

例：新建两个例行程序分别名为 line 和 circle，操作步骤如下。

操作过程	示教器界面显示	备注
1. 在主菜单下，选择"程序编辑器"，进入程序编辑器 2. 单击"例行程序"，打开例行程序列表 3. 点击"文件"，展开例行程序操作选单 4. 点击"新建例行程序"	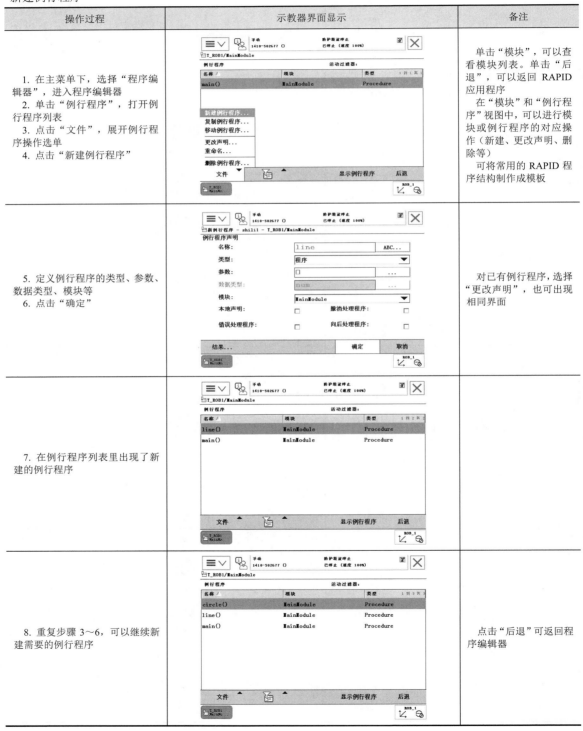	单击"模块"，可以查看模块列表。单击"后退"，可以返回 RAPID 应用程序 在"模块"和"例行程序"视图中，可以进行模块或例行程序的对应操作（新建、更改声明、删除等） 可将常用的 RAPID 程序结构制作成模板
5. 定义例行程序的类型、参数、数据类型、模块等 6. 点击"确定"		对已有例行程序，选择"更改声明"，也可出现相同界面
7. 在例行程序列表里出现了新建的例行程序		
8. 重复步骤 3～6，可以继续新建需要的例行程序		点击"后退"可返回程序编辑器

8.2.4 编辑程序

编辑程序可以使用 FlexPendant 和 RobotStudio Online。基本编程时使用 RobotStudio Online 较简便，Flex Pendant 适于现场修改、编辑程序。编辑程序常用操作包括添加指令、编辑指令、修改位置点及程序语句的复制、粘贴及删除等。

（1）添加指令

例：首先在手动操纵界面，选择工具坐标为tool1，工件坐标为wobj1，然后添加指令：

MoveAbsJ *\NoEOffs，v1000，z50，tool1\Wobj：=wobj1；

WaitTime 10；

MoveL *，v1000，z50，tool1\Wobj：=wobj1；

添加指令的操作步骤如下。

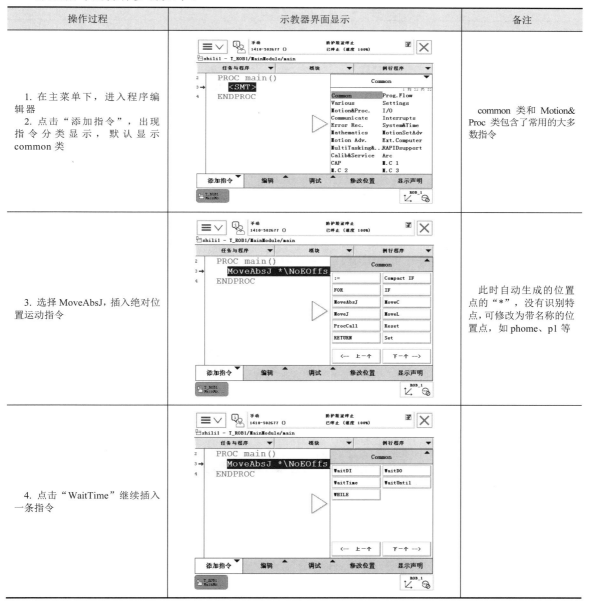

操作过程	示教器界面显示	备注
1. 在主菜单下，进入程序编辑器 2. 点击"添加指令"，出现指令分类显示，默认显示 common 类		common 类和 Motion& Proc 类包含了常用的大多数指令
3. 选择 MoveAbsJ，插入绝对位置运动指令		此时自动生成的位置点的"*"，没有识别特点，可修改为带名称的位置点，如 phome、p1 等
4. 点击"WaitTime"继续插入一条指令		

续表

操作过程	示教器界面显示	备注
5. 选择指令后会进入指令相关参数设置界面	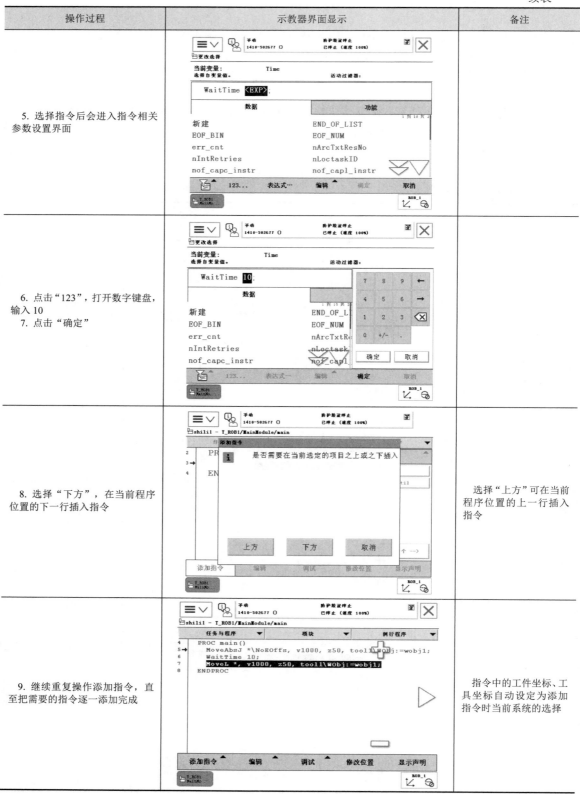	
6. 点击"123"，打开数字键盘，输入 10 7. 点击"确定"		
8. 选择"下方"，在当前程序位置的下一行插入指令		选择"上方"可在当前程序位置的上一行插入指令
9. 继续重复操作添加指令，直至把需要的指令逐一添加完成		指令中的工件坐标、工具坐标自动设定为添加指令时当前系统的选择

（2）编辑指令参数

例：修改上例程序的指令语句为：

MoveAbsJ　phome \NoEOffs，　v1000，　z10，　tool1\Wobj：=wobj1；

WaitTime 10；

MoveL　p1，　v100，　fine，　tool1\Wobj：=wobj1；

操作步骤如下。

操作过程	示教器界面显示	备注
1. 在程序编辑器中，选择要修改参数的程序指令，光标停留在需要修改的位置 2. 双击该指令或元素，打开编辑窗口	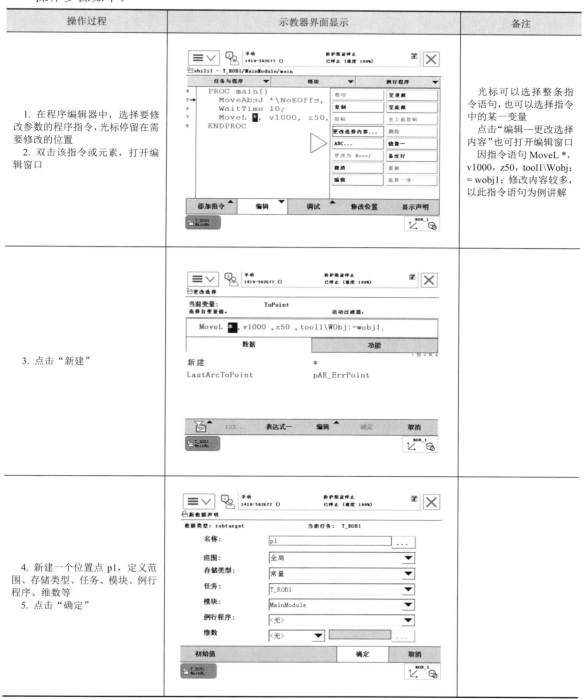	光标可以选择整条指令语句，也可以选择指令中的某一变量 点击"编辑—更改选择内容"也可打开编辑窗口 因指令语句 MoveL *, v1000, z50, tool1\Wobj: = wobj1；修改内容较多，以此指令语句为例讲解
3. 点击"新建"		
4. 新建一个位置点 p1，定义范围、存储类型、任务、模块、例行程序、维数等 5. 点击"确定"		

操作过程	示教器界面显示	备注
6. 位置点 p1 建立完成	当前变量： ToPoint 选择自变量值。 活动过滤器： MoveL **p1** , v1000 , z50 , tool1\WObj:=wobj1; 数据　　　　功能 1 到 5 共 5 新建　　　　* LastArcToPoint　　　p1 pAE_ErrPoint 123... 表达式… 编辑 确定 取消	
7. 继续修改下一个变量 8. 选择 v1000	当前变量： Speed 选择自变量值。 活动过滤器： MoveL p1 , **v1000** , z50 , tool1\WObj:=wobj1; 数据　　　　功能 1 到 10 共 4 新建　　　　v10 v100　　　　v1000 v150　　　　v1500 v20　　　　v200 v2000　　　　v2500 123... 表达式… 编辑 确定 取消	
9. 在下拉菜单中选择 v100	当前变量： Speed 选择自变量值。 活动过滤器： MoveL p1 , **v100** , z50 , tool1\WObj:=wobj1; 数据　　　　功能 1 到 10 共 4 新建　　　　v10 v100　　　　v1000 v150　　　　v1500 v20　　　　v200 v2000　　　　v2500 123... 表达式… 编辑 确定 取消	
10. 继续修改下一个变量 11. 选择 z50	当前变量： Zone 选择自变量值。 活动过滤器： MoveL p1 , v100 , **z50** , tool1\WObj:=wobj1; 数据　　　　功能 7 到 16 共 16 z15　　　　z150 z20　　　　z200 z30　　　　z40 z5　　　　z50 z60　　　　z80 123... 表达式… 编辑 确定 取消	

续表

操作过程	示教器界面显示	备注
12. 在下拉菜单中选择 fine		
13. 点击"确定"。返回程序编辑器。此时指令 MoveL *, v1000, z50, tool1\Wobj: =wobj1; 已修改为 MoveL p1, v100, fine, tool1\Wobj: =wobj1;		
14. 继续照此编辑就可把需要编辑的指令逐一编辑完成		

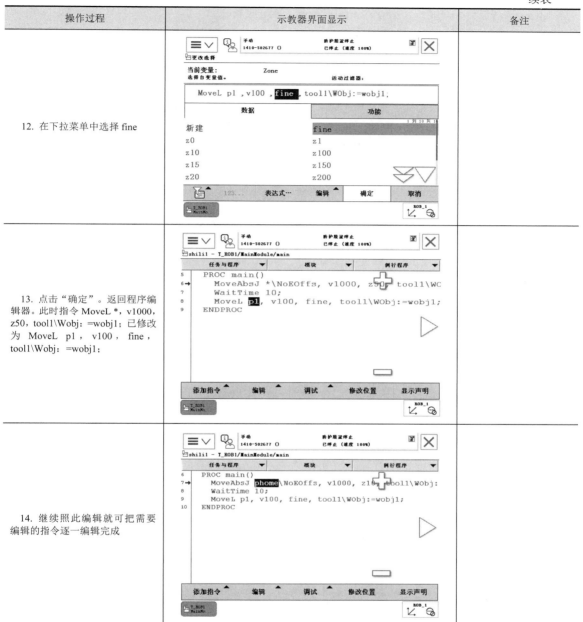

（3）位置点的确认

在已有的程序段中，确认位置点的方法有三种。

方法一：是在程序编辑器中，将光标移动到需要添加运动指令的位置，手动摇动操纵摇杆使机器人到达新位置，在 Motion&Proc 类指令中选择添加新的运动指令。然后对新添加的位置点重命名，以便记忆和识别。

方法二：使用"修改位置"选项，修改已有运动指令语句中的位置点。

方法三：手动输入位置点相关参数，修改已有运动指令语句中的位置点。

① 确认位置点方法一

例：使用确认位置点的方法—继续添加第四条指令：

MoveL　p2 ，　v200 ，　z50，　tool1\Wobj：=wobj1；

操作步骤如下。

操作过程	示教器界面显示	备注
1. 在主菜单下，选择"程序编辑器"，进入程序编辑器 2. 使用摇杆手动操纵机器人，将机器人移动到需要的位置点 p2 3. 点击"添加指令"，选择对应的运动指令添加即可		
4. 双击"p11"		
5. 修改指令参数		
6. 修改完成后，点击"确定"，返回程序编辑器		

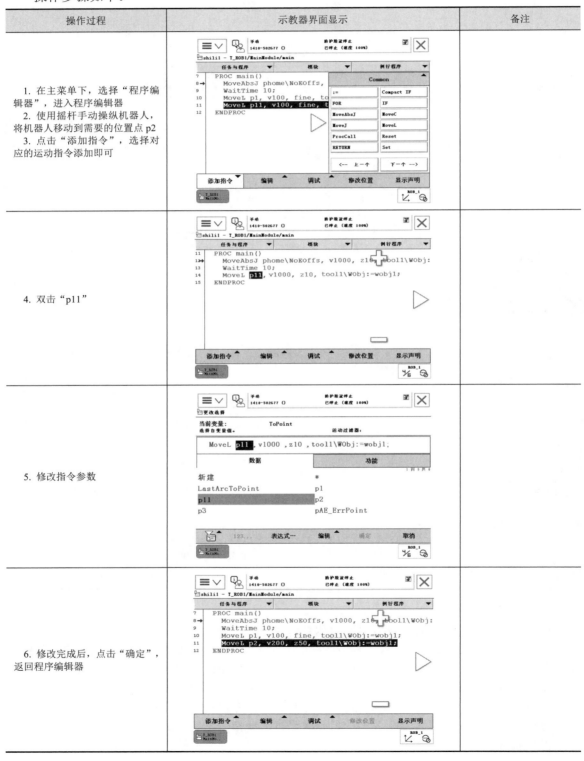

② 确认位置点方法二

例：继续添加第 5 条指令：

MoveL p3 , v500 , fine, tool1\Wobj：=wobj1;

然后使用"修改位置"选项，修改已有运动指令语句中的位置点，操作步骤如下。

操作过程	示教器界面显示	备注
1. 在程序编辑器中，先添加并编辑第 5 条指令	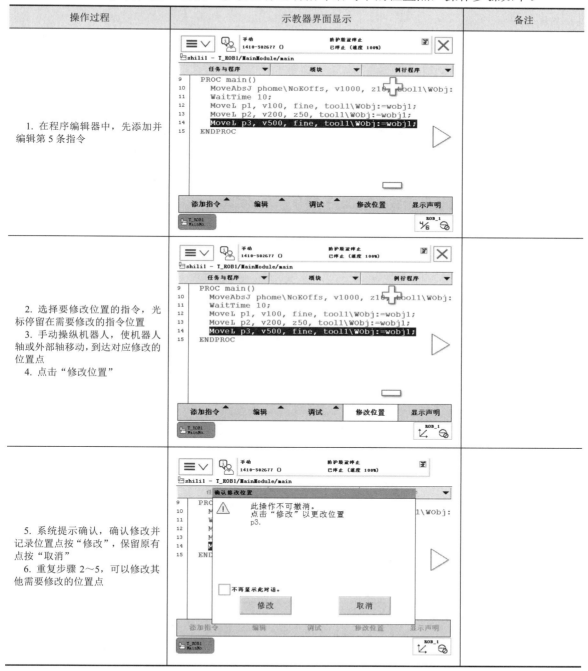	
2. 选择要修改位置的指令，光标停留在需要修改的指令位置 3. 手动操纵机器人，使机器人轴或外部轴移动，到达对应修改的位置点 4. 点击"修改位置"		
5. 系统提示确认，确认修改并记录位置点按"修改"，保留原有点按"取消" 6. 重复步骤 2～5，可以修改其他需要修改的位置点		

③ 确认位置点方法三

例：使用手动输入位置点相关参数，修改第 1 条指令中位置点 phome 的位置，phome 点为机械原点，各轴转角参数皆为 0。操作步骤如下。

操作过程	示教器界面显示	备注
1. 在程序编辑器中，选择要修改位置的指令，光标停留在需要修改的位置点	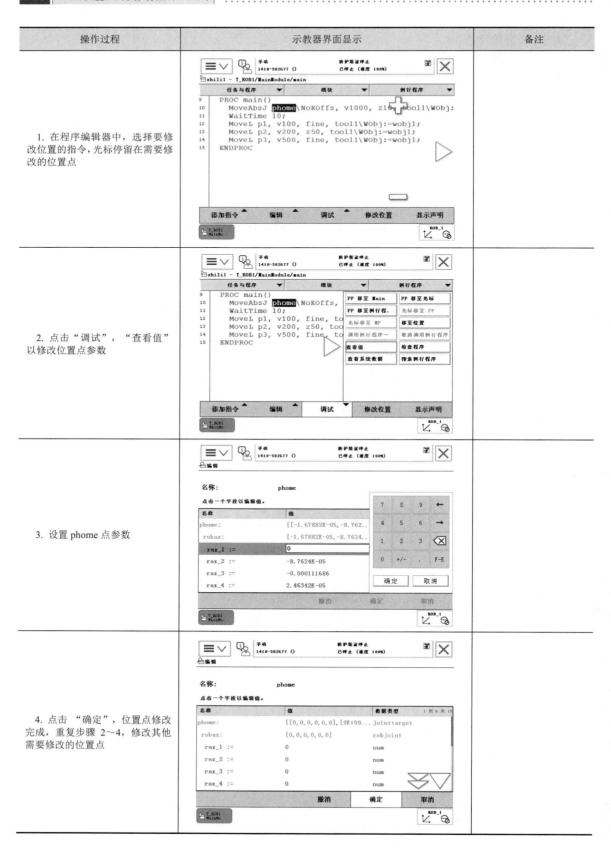	
2. 点击"调试"，"查看值"以修改位置点参数		
3. 设置 phome 点参数		
4. 点击"确定"，位置点修改完成，重复步骤 2～4，修改其他需要修改的位置点		

（4）编辑指令

对于程序语句可以复制、粘贴、删除等，有操作后撤销和重做最多可以做到 3 个步骤，"ABC…"可直接文字编辑指令，编辑指令的操作步骤如下。

操作过程	示教器界面显示	备注
1. 在程序编辑器中，选择"编辑"，再选择需要复制的参数或指令，再按"复制"		
2. 点击"粘贴"插入被复制的指令，新的语句会插在光标行的下面		
3. 点击"备注行"		备注行可将暂时用不到的指令改为备注
4. 点击"删除" 5. 点击"确定"可删除多余的指令，点击"取消"可放弃删除		

（5）调用例行程序

例：已有例行程序 main、line、circle，main 为主程序，在 main 中调用例行程序 line、circle，操作步骤如下。

操作过程	示教器界面显示	备注
1. 点击"添加指令—common—ProllCall"，插入例行程序	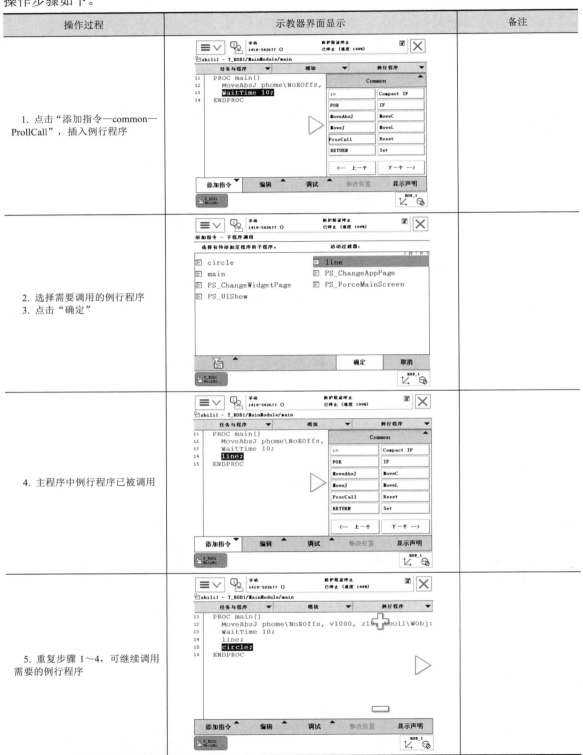	
2. 选择需要调用的例行程序 3. 点击"确定"		
4. 主程序中例行程序已被调用		
5. 重复步骤 1～4，可继续调用需要的例行程序		

8.3 轨迹示教编程

8.3.1 作业任务要求

作业任务要求：如图 8.3 所示，机器人从机械原点 porigin 出发，先移动到 pstart 点，然后沿以下两物体外轮廓移动，最后回到 porigin 点。其中，当走完第一个轮廓轨迹时向外部发送信号使 DO10_1 为 1。其中机械原点 porigin 各轴转角参数为（0，0，0，0，0，0），pstart 点各轴转角参数为（0，0，0，0，45，0）。

8.3.2 作业任务规划

对作业任务进行编程之前，先对作业任务进行分析和规划，有利于清晰编程思路，提高编程效率。

图 8.3 作业任务物体外轮廓

① 对于作业任务，做出轨迹规划如图 8.4 所示。机器人从点 porigin 出发，沿 pstart→p10→p20→…→p110→p40→porigin。

② 建立 RAPID 应用程序，名为 outline。

③ 分别为两个物体轮廓建立例行程序，三角形轮廓的例行程序名为 triangle，叶形物体轮廓的例行程序名为 leaf，在主程序中调用两个例行程序。

④ 事前已建立 d651 和 DO10_1，当走完第一个轮廓轨迹时向外部发送信号使 DO10_1 为 1。

⑤ 从 p20 点至 p30 点尝试使用指令功能 offs 实现。

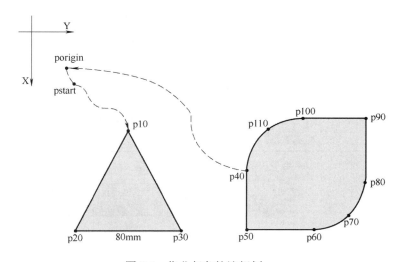

图 8.4 作业任务轨迹规划

8.3.3 建立程序实例

建立上述作业任务程序的操作步骤如下。

操作过程	示教器界面显示	备注
	<新建程序>	
1. 在主菜单下，选择"程序编辑器" 2. 选择"任务与程序" 3. 点击"文件" 4. 点击"新建"		
5. 新建程序 outline		
	<新建例行程序>	
6. 点击"打开"，打开程序 7. 选择"例行程序" 8. 点击"文件" 9. 点击"新建例行程序"		
10. 新建例行程序 triangle 和 leaf		

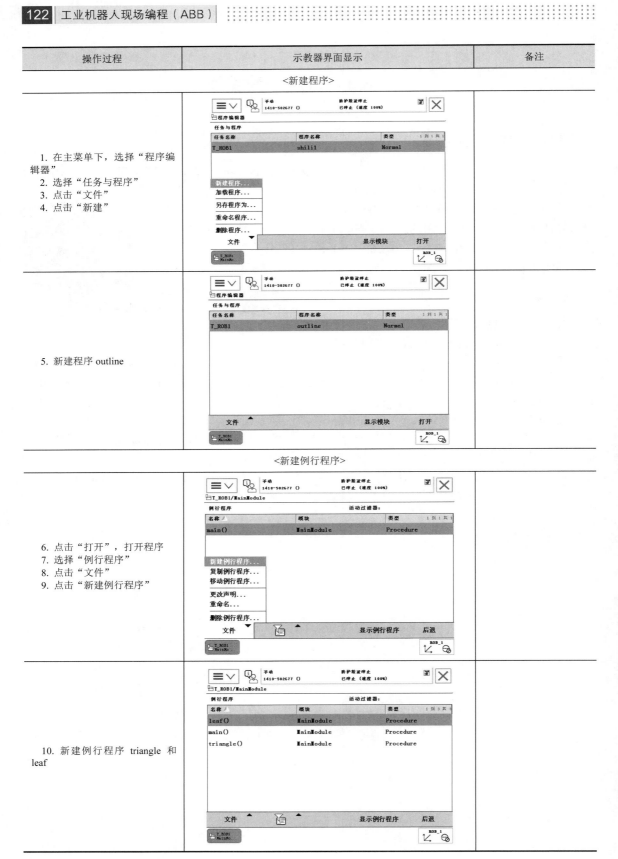

续表

操作过程	示教器界面显示	备注
	<定义工具数据、工件坐标数据>	

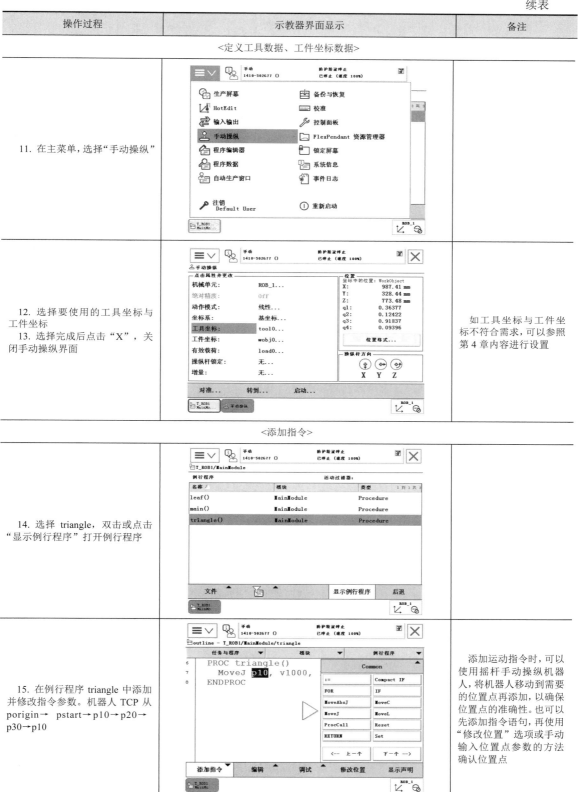

操作过程	备注
11. 在主菜单，选择"手动操纵"	
12. 选择要使用的工具坐标与工件坐标 13. 选择完成后点击"X"，关闭手动操纵界面	如工具坐标与工件坐标不符合需求，可以参照第4章内容进行设置

<添加指令>

操作过程	备注
14. 选择 triangle，双击或点击"显示例行程序"打开例行程序	
15. 在例行程序 triangle 中添加并修改指令参数。机器人 TCP 从 porigin→ pstart→p10→p20→p30→p10	添加运动指令时，可以使用摇杆手动操纵机器人，将机器人移动到需要的位置点再添加，以确保位置点的准确性。也可以先添加指令语句，再使用"修改位置"选项或手动输入位置点参数的方法确认位置点

续表

操作过程	示教器界面显示	备注
	<添加指令>	
16. 例行程序 triangle 中添加并修改指令完成 将第3条指令改为使用功能 offs 17. 双击 "p30"	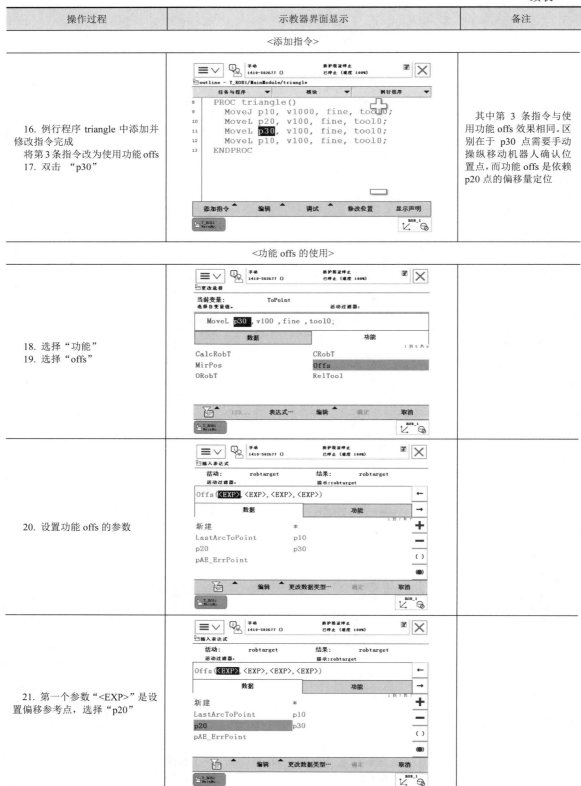	其中第 3 条指令与使用功能 offs 效果相同。区别在于 p30 点需要手动操纵移动机器人确认位置点，而功能 offs 是依赖 p20 点的偏移量定位
	<功能 offs 的使用>	
18. 选择"功能" 19. 选择"offs"		
20. 设置功能 offs 的参数		
21. 第一个参数"<EXP>"是设置偏移参考点，选择"p20"		

续表

操作过程	示教器界面显示	备注
	<功能 offs 的使用>	

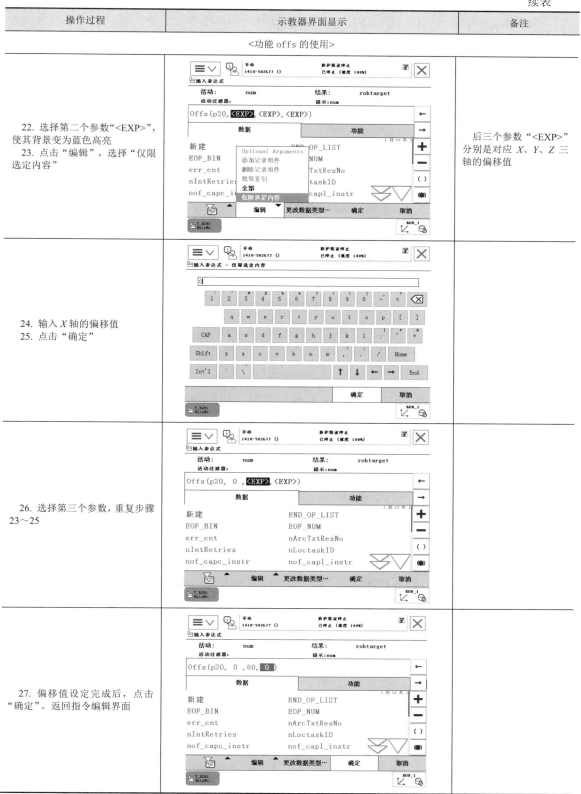

操作过程	示教器界面显示	备注
22. 选择第二个参数"<EXP>"，使其背景变为蓝色高亮 23. 点击"编辑"，选择"仅限选定内容"		后三个参数 "<EXP>" 分别是对应 X、Y、Z 三轴的偏移值
24. 输入 X 轴的偏移值 25. 点击"确定"		
26. 选择第三个参数，重复步骤 23~25		
27. 偏移值设定完成后，点击"确定"。返回指令编辑界面		

操作过程	示教器界面显示	备注

<功能 offs 的使用>

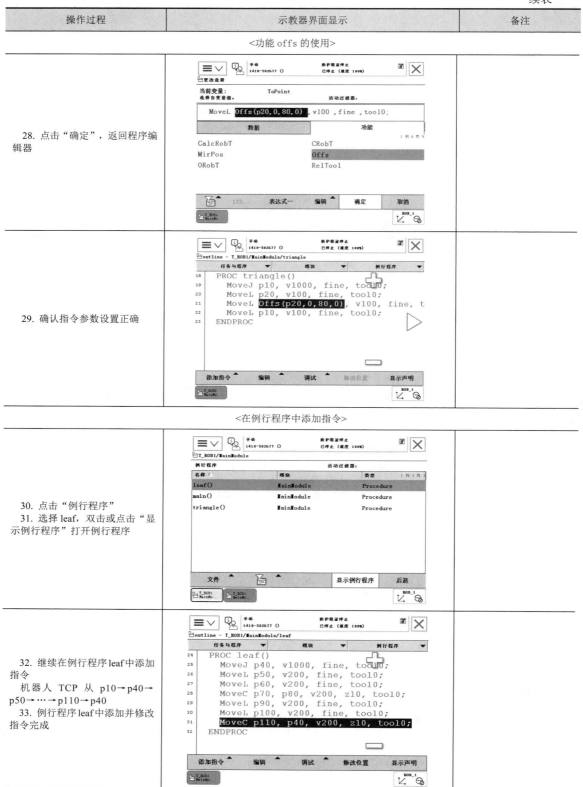

| 28. 点击"确定"，返回程序编辑器 | | |
| 29. 确认指令参数设置正确 | | |

<在例行程序中添加指令>

| 30. 点击"例行程序"
31. 选择 leaf，双击或点击"显示例行程序"打开例行程序 | | |
| 32. 继续在例行程序 leaf 中添加指令
机器人 TCP 从 p10→p40→p50→…→p110→p40
33. 例行程序 leaf 中添加并修改指令完成 | | |

续表

操作过程	示教器界面显示	备注
	<在例行程序中添加指令>	
34. 点击"例行程序" 35. 选择 mian，双击或点击"显示例行程序"打开例行程序	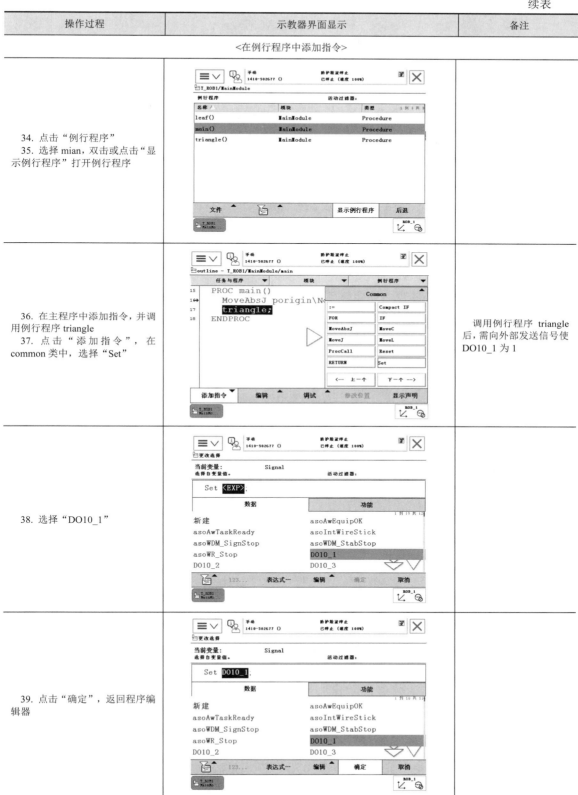	
36. 在主程序中添加指令，并调用例行程序 triangle 37. 点击"添加指令"，在 common 类中，选择"Set"		调用例行程序 triangle 后，需向外部发送信号使 DO10_1 为 1
38. 选择"DO10_1"		
39. 点击"确定"，返回程序编辑器		

续表

操作过程	示教器界面显示	备注
	<在例行程序中添加指令>	
40. 向外部发送信号设置完成		
41. 继续在主程序中添加并修改指令完成		在程序正式运行前，需要做一些初始化，如速度限定、夹具复位等，具体根据需要添加 在此程序中添加了两条速度控制指令（在添加指令列表的 Setting 类中）
	<检查程序>	
42. 点击"调试"，打开调试菜单 43. 单击"检查程序"，对程序的语法进行检查		
44. 单击"确定"完成		如果有错，系统会提示出错的具体位置与建议操作

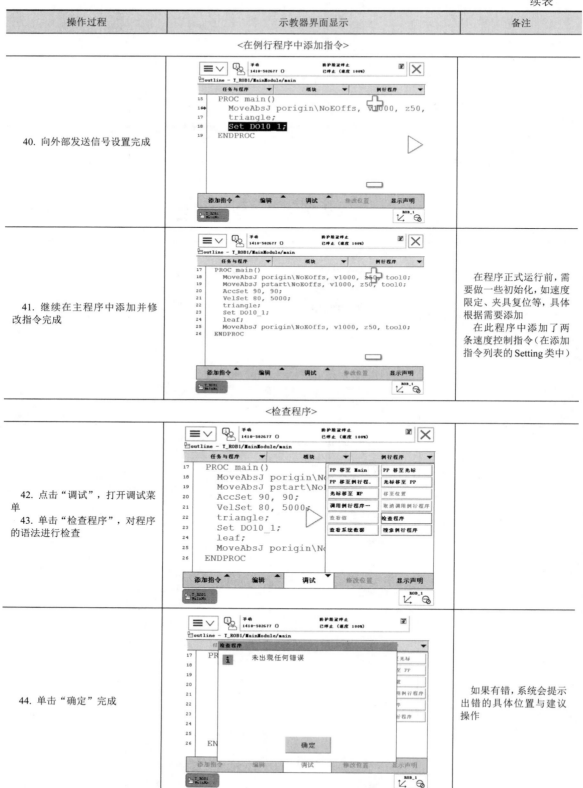

8.4 程序调试运行

程序编辑完成以后，就可以对这个程序进行调试运行，调试的目的为：检查机器人的位置点是否正确、检查机器人的作业过程是否完整或是否有需要改善的地方。调试项目有：

① 单独调试某条或几条指令。

② 调试各例行程序。

③ 调试主程序。

④ 观察 I/O 信号是否正确发送。

调试运行前需确认，机器人控制面板上模式开关钥匙选择为中间的"手动减速模式"。对 8.3 节所编写的程序进行调试运行的操作过程如下。

8.4.1 调试指令

调试指令操作步骤如下。

操作过程	示教器界面显示	备注
1. 在程序编辑器中，选中要调试的指令 2. 点击"调试"，打开调试菜单 3. 选择 "PP 移至光标"，将程序指针移至想要调试的指令	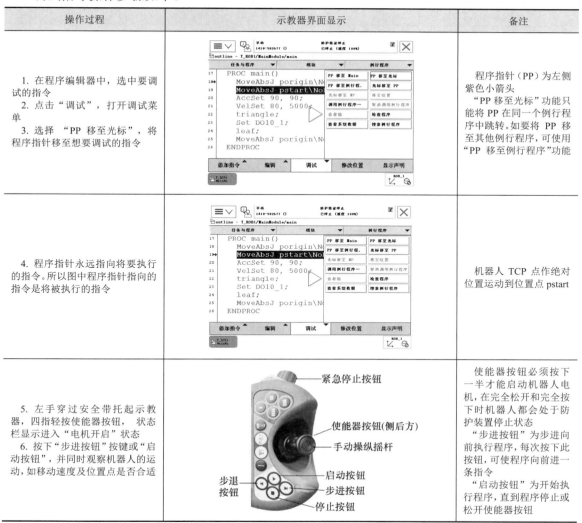	程序指针（PP）为左侧紫色小箭头 "PP 移至光标"功能只能将 PP 在同一个例行程序中跳转。如要将 PP 移至其他例行程序，可使用 "PP 移至例行程序"功能
4. 程序指针永远指向将要执行的指令。所以图中程序指针指向的指令是将被执行的指令		机器人 TCP 点作绝对位置运动到位置点 pstart
5. 左手穿过安全带托起示教器，四指轻按使能器按钮，状态栏显示进入"电机开启"状态 6. 按下"步进按钮"按键或"启动按钮"，并同时观察机器人的运动，如移动速度及位置点是否合适	紧急停止按钮 使能器按钮(侧后方) 手动操纵摇杆 启动按钮 步进按钮 步退按钮 停止按钮	使能器按钮必须按下一半才能启动机器人电机，在完全松开和完全按下时机器人都会处于防护装置停止状态 "步进按钮"为步进向前执行程序，每次按下此按钮，可使程序向前进一条指令 "启动按钮"为开始执行程序，直到程序停止或松开使能器按钮

续表

操作过程	示教器界面显示	备注
7. 程序运行时，在指令左侧出现一个小机器人，同时有一个位置点被光标指示，说明机器人已到达这个位置点	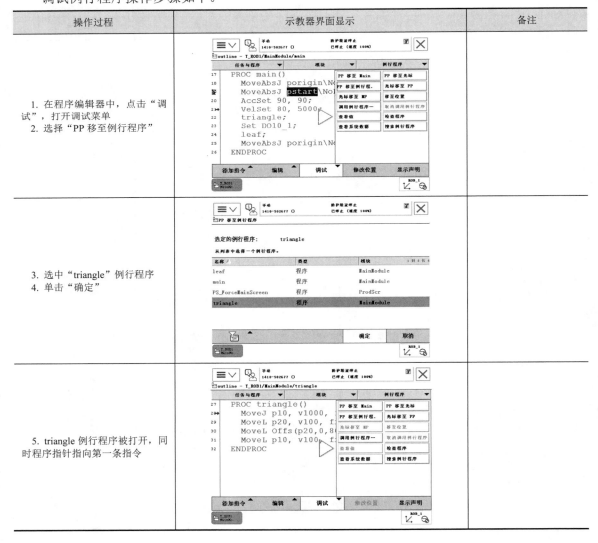	

8.4.2 调试例行程序

调试例行程序操作步骤如下。

操作过程	示教器界面显示	备注
1. 在程序编辑器中，点击"调试"，打开调试菜单 2. 选择"PP 移至例行程序"		
3. 选中"triangle"例行程序 4. 单击"确定"		
5. triangle 例行程序被打开，同时程序指针指向第一条指令		

续表

操作过程	示教器界面显示	备注
6. 按下使能器按钮，状态栏显示进入"电机开启"状态 7. 按下"步进按钮"按键或"启动按钮"并同时观察机器人的运动，如移动速度及位置点是否合适		在按下"启动按钮"时，需先按下"停止按钮"后，才可以松开使能器按钮
8. 观察机器人从点 pstart→p10→p20→p30→p10 9. 如果运行过程无误，可以重复步骤 1～8 继续调试例行程序 leaf		

8.4.3 调试主程序 main

例行程序调试完成后，就可以调试主程序 main，操作步骤如下。

操作过程	示教器界面显示	备注
1. 在程序编辑器中，点击"调试"，打开调试菜单 2. 选择"PP 移至 main"		
3. PP 自动指向主程序的第一句指令		

续表

操作过程	示教器界面显示	备注
4. 轻按使能器按钮，进入"电机开启"状态 5. 按下"步进按钮"按键或按一下"启动按钮"，并同时观察机器人的运动	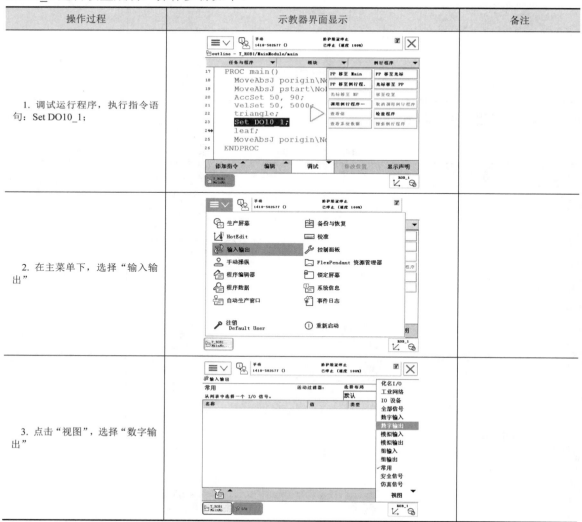	

8.4.4 观察 I/O 信号

当走完第一个轮廓轨迹时向外部发送信号使 DO10_1 为 1。可通过"输入输出"观察信号 DO10_1 是否设置成功，操作步骤如下。

操作过程	示教器界面显示	备注
1. 调试运行程序，执行指令语句：Set DO10_1；		
2. 在主菜单下，选择"输入输出"		
3. 点击"视图"，选择"数字输出"		

续表

操作过程	示教器界面显示	备注
4. 查看 DO10_1 的状态为"1"，说明指令 Set DO10_1；被成功执行	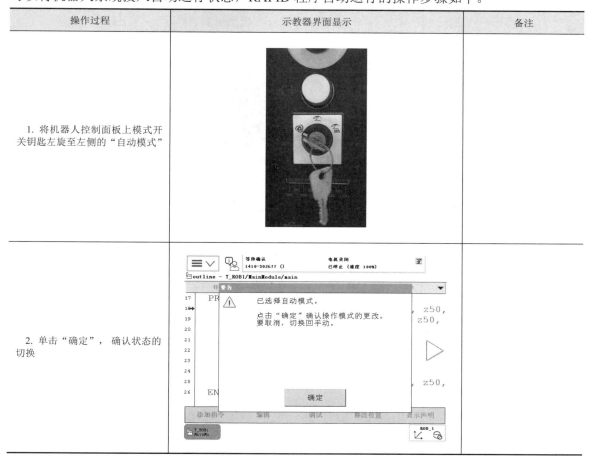	

8.5　程序自动运行

RAPID 程序自动运行的操作在手动状态下，完成了调试确认运动与逻辑控制正确之后，就可以将机器人系统投入自动运行状态，RAPID 程序自动运行的操作步骤如下。

操作过程	示教器界面显示	备注
1. 将机器人控制面板上模式开关钥匙左旋至左侧的"自动模式"		
2. 单击"确定"，确认状态的切换		

续表

操作过程	示教器界面显示	备注
3. 单击"PP 移至 Mian"，将 PP 指向主程序的第一句指令	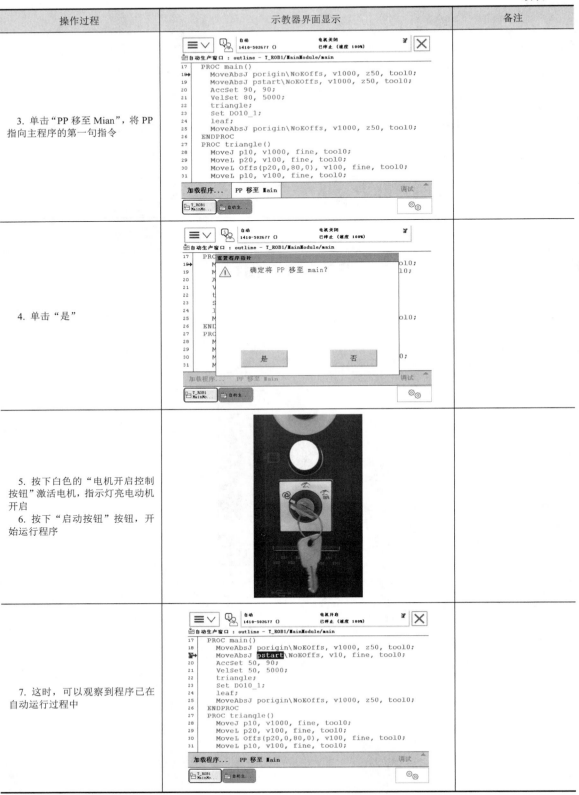	
4. 单击"是"		
5. 按下白色的"电机开启控制按钮"激活电机，指示灯亮电动机开启 6. 按下"启动按钮"按钮，开始运行程序		
7. 这时，可以观察到程序已在自动运行过程中		

续表

操作过程	示教器界面显示	备注
8. 点击右下角的"快捷菜单" 9. 单击"速度"按钮（第5个按钮），可以在此设定程序中机器人运动的速率	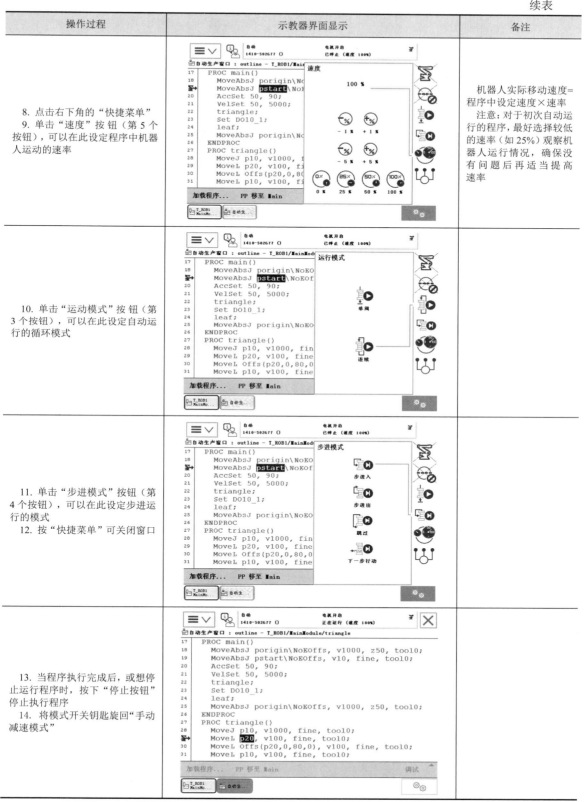	机器人实际移动速度=程序中设定速度×速率 注意：对于初次自动运行的程序，最好选择较低的速率（如25%）观察机器人运行情况，确保没有问题后再适当提高速率
10. 单击"运动模式"按钮（第3个按钮），可以在此设定自动运行的循环模式		
11. 单击"步进模式"按钮（第4个按钮），可以在此设定步进运行的模式 12. 按"快捷菜单"可关闭窗口		
13. 当程序执行完成后，或想停止运行程序时，按下"停止按钮"停止执行程序 14. 将模式开关钥匙旋回"手动减速模式"		

思　考　题

1. 新建程序之前需要做哪些准备工作？
2. 光标、程序指针和动作指针是一样的意义吗？如果不一样，那各自有什么作用？
3. 对已有的程序段中，确认位置点的方法有哪几种？

实　践　练　习

1. 尝试新建并保存一个 RAPID 程序。尝试对新建的程序进行重命名，并且会加载程序。
2. 尝试新建例行程序并调用例行程序。
3. 尝试编辑程序，练习添加、编辑指令。
4. 尝试添加、修改位置点。
5. 尝试使编辑好的程序自动运行一遍。注意如果有任何意外情况都可以按下示教器或者控制柜上的急停按钮使设备停止运行。

第9章 工业机器人典型应用实例

学习目标：

1. 掌握机器人码垛项目的编程方法。
2. 掌握机器人焊接项目的编程方法。
3. 掌握机器人流水线项目的编程方法。
4. 掌握机器人气动卡盘上下料项目的编程方法。

目前工业机器人已被大量应用于船舶、冶金、采矿、建筑、铸造、制造业、机械加工及电子行业中。本章将介绍几个工业机器人的典型应用实例。

9.1　机器人码垛项目的编程

9.1.1　码垛工作站的组成

码垛工作站主要由承载平台、拾取单元、放置单元、六自由度工业机器人、气动回路五大部分搭建构成，在结构简单、紧凑的基础上实现机器人典型案例应用码垛的功能。如图 9.1 所示。

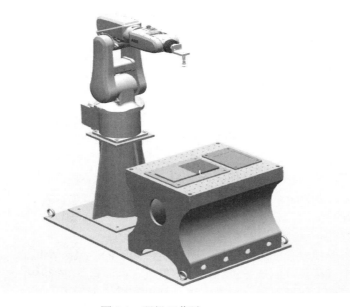

图 9.1　码垛工作站

（1）承载平台

底座采用铸铁，工作台面采用厚度 22mm 的不锈钢面板，表面镀铬处理，网格间距 30mm，M6 螺纹安装孔，可快速牢靠安装多种工作对象。

（2）拾取/放置单元

主要由铝材加工氧化的物料、摆放底板和码垛底板组成，可按要求将物料块摆放到摆放底板上，机器人通过吸盘夹具按要求拾取物料块进行码垛任务。物料块有长方形和正方形两种，操作者可根据需要自由组合码垛出多种形状。

（3）六自由度工业机器人

设备中机器人采用 ABB 的 IRB 120 型号机器人。设备中机器人功能：拾取不同类型的物料，按指定的仓储区域进行相应的码放。IRB 120 规格参数如下。

① 特性

集成信号源手腕设 10 路信号。

集成气源手腕设 4 路空气（0.5MPa）。

机器人重复定位精度：0.01mm。

机器人安装：任意角度。

防护等级：IP30。

机器人各轴运动范围如表 9.1 所示。

表 9.1　机器人各轴运动范围

动作位置	动作类型	移动范围
轴 1	旋转动作	+165°～-165°
轴 2	手臂动作	+110°～-110°
轴 3	手臂动作	+70°～-110°
轴 4	手腕动作	+160°～-160°
轴 5	弯曲动作	+120°～-120°
轴 6	转向动作	+400°～-400°（默认值）
		+242°～-242 转（最大值）

② 性能　1kg 拾料节拍，TCP 最大速度 6.2m/s，TCP 最大加速度 28m/s^2，加速时间 0.07s（0～1m），工作范围 580mm。

③ 电气连接

电源电压：220V，50Hz。

额定功率：变压器额定功率 3.0kV·A，功耗 0.25kW。

④ 机器人物理特性

机器人底座尺寸：180mm×180mm。

机器人高度：700mm。

质量：25kG。

（4）气动回路

气源部分主要由一个油水分离器、三个电磁阀、两个气缸及机器人吸盘夹具组成。通过油水分离器给整个气路部分的气压进行调节和供气，同时过滤空气中的水分使供气干燥避免损坏气动元件。通过若干气管对气路导通，连接到电磁阀的汇流板。再通过电磁阀，分别控制气动执行元件动作（机器人吸盘夹具）。

9.1.2　码垛工作站控制原理

（1）系统逻辑控制

设备采用三菱 FX3U-48M 系列 PLC 作为总的逻辑控制器，通过 PLC 控制机器人的运行状态以及外围设备的动作状态。如图 9.2 所示。

（2）机器人动作状态流程（见图 9.3）

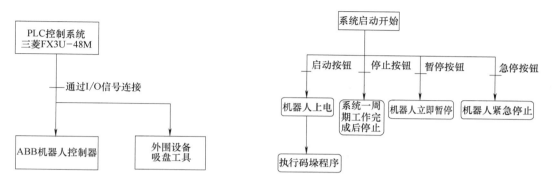

图 9.2　码垛工作站系统逻辑控制　　　　　图 9.3　码垛工作站工作流程

9.1.3　配置 I/O 单元、I/O 信号及系统输入输出

（1）配置 I/O 单元（如表 9.2 所示）

表 9.2　I/O 单元参数配置

名称	单元类型	连接总线	设备网络地址
Board10	D652	DeviceNet1	10

（2）配置 I/O 信号（如表 9.3 所示）

表 9.3　I/O 信号参数配置

名称	信号类型	分配单元	单元映射	I/O 信号注释
di01_MotorOn	Digital Input	Board10	1	电动机上电（系统输入）
di02_Start	Digital Input	Board10	2	程序开始执行（系统输入）
di03_Stop	Digital Input	Board10	3	程序停止执行（系统输入）
di04_StartAtMain	Digital Input	Board10	4	从主程序开始执行（系统输入）
di05_EstopReset	Digital Input	Board10	5	急停复位（系统输入）
do01_AutoOn	Digital Output	Board10	0	电动机上电状态（系统输出）
do02_Estop	Digital Output	Board10	1	急停状态（系统输出）
do03_CycleOn	Digital Output	Board10	2	程序正在运行（系统输出）
do04_Error	Digital Output	Board10	3	程序报错（系统输出）
do_00	Digital Output	Board10	4	控制吸盘工具

（3）配置系统输入/输出信号（如表 9.4 所示）

表 9.4 系统输入/输出信号参数配置

名称	信号类型	功能/状态	内容	I/O 信号注释
System Input	di01_MotorOn	Motor On	无	电动机上电
System Input	di02_Start	Start	Continuus	程序开始执行
System Input	di03_Stop	Stop	无	程序停止执行
System Input	di04_StartAtMain	Start at Main	Continuus	从主程序开始执行
System Input	di05_EstopReset	Reset Emergency stop	无	急停复位
System Output	do01_AutoOn	Auto on	无	电动机上电状态
System Output	do02_Estop	Emergency Stop	无	急停状态
System Output	do03_CycleOn	Cycle On	无	程序正在运行
System Output	do01_Error	Execution error	T_ROB1	程序报错

注：参阅第 6 章中的 I/O 配置方法进行设定 IO 信号参数。

9.1.4 创建工具数据、工件坐标系数据

在本工作站中请根据实际情况来设定工具数据、工件坐标系数据，以下操作均为演示。创建工具、工件坐标系数据的方法参考第 4 章，来设定工具坐标系数据 Tool1、工件坐标系数据 Wobj1。工具坐标 Tool1 数据如表 9.5 所示。

9.1.5 数组、循环指令的应用

在定义程序数据时，可以将同种类型、同种用途的数据存放在同一个数据中，当调用该数据时需要写明索引号来指定调用的是该数据中的哪一个数据，这就是所谓的数组。在 RAPID 中，可以定义一维数组、二维数组以及三维数组。

例如，一维数组：

VAR num num_1{4}：=[4，6，8，10]；

!定义一维数组 num_1

 num2：=num_1{2}；

!Num2 被赋值为 6

例如，二维数组：

VAR num num_1{2，4}：=[[2，3，4，5]

[3，5，7，9]]；

!定义二维数组 num_1

 num2：=num_1{2，3}；

!Num2 被赋值为 7

循环指令：WHILE 条件判断指令，用于给定条件满足的情况下，一直重复执行对应的指令。

例如：WHILE num1>num2 DO

 num1：=num1-1；

 ENDWHILE

当条件 num1>num2 满足时，让 num1 做减 1 操作，直到 num1 不再大于 num2 时，停止执行。即条件不满足，不执行该指令。

表 9.5 工具坐标 Tool1 数据

参数名称	参数数值
robothold	TRUE
trans	
X	O
Y	O
Z	300
rot	
Q1	1
Q2	0
Q3	0
Q4	0
mass	2
cog	
X	0
Y	0
Z	80
其余参数均为默认值	

9.1.6 码垛程序框架讲解

```
MODULE Module1                        ....................任务名称
    TASK PERS tooldata                ....................工具数据
Tool1：=[TRUE，[[91.7，-0.001，58]，[0.707106781，0，0.707106781，0]]，[1，[0，0，
1]，[1，0，0，0]，0，0，0]]；
    TASK PERS wobjdata                ....................工件坐标系数据
Wobj1：=[FALSE，TRUE，""，[[0，0，0]，[1，0，0，0]]，[[355，-250，-500]，[1，0，
0，0]]]；
    CONST robtarget                   ....................原点位置数据
pHome：=[[77，249.999，1038.3]，[0，0，1，0]，[0，0，0，0]，[9E9，9E9，9E9，9E9，
9E9，9E9]]；
    CONST robtarget                   ....................拾取点 1 位置数据
pPick1：=[[153.045040948，69.078409803，519.051142369]，[0.002672716，0.000000158，
-0.999996428，0.000000009]，[-1，-1，0，1]，[9E9，9E9，9E9，9E9，9E9，9E9]]；
    CONST robtarget                   ....................拾取点 2 位置数据
pPick2：=[[153.194051898，174.116249369，519.160709008]，[0.00267307，-0.00000016，
-0.999996427，-0.000000144]，[-1，-1，0，1]，[9E9，9E9，9E9，9E9，9E9，9E9]]；
    CONST robtarget                   ....................放置点 1 位置数据
pPlase1：=[[153.045151627，369.369865329，519.07250646]，[0.002672862，0.000000291，
-0.999996428，0.000000008]，[0，0，-1，1]，[9E9，9E9，9E9，9E9，9E9，9E9]]；
    CONST robtarget                   ....................放置点 2 位置数据
 pPlase2：=[[153.098617407，354.369865505，529.072363793]，[0.002672862，0.000000291，
-0.999996428，0.000000008]，[0，0，-1，1]，[9E9，9E9，9E9，9E9，9E9，9E9]]；


    VAR num nConut1：=1；              ....................物料 1 计数变量
    VAR num nConut2：=1；              ....................物料 2 计数变量
    PERS num                          ....................物料 1 位置数组数据
Plase1_pos{8，2}：=[[0，0]，[0，60]，[30，0]，[30，60]，[60，0]，[60，60]，[90，0]，
[90，60]]；
    PERS num                          ....................物料 2 位置数组数据
Plase2_pos{16，2}：=[[0，0]，[0，30]，[0，60]，[0，90]，[30，0]，[30，30]，[30，60]，
[30，90]，[60，0]，[60，30]，[60，60]，[60，90]，[90，0]，[90，30]，[90，60]，[90，90]]；


    PROC main（）                     ....................主程序
        rInitialize；                 ....................初始化程序
        WHILE TRUE  DO                ....................条件判断指令
            IF  nConut1 <9 THEN       ............当条件 1 满足，执行下一行程序
                rPick1 ；             ....................物料 1 拾取程序
                rPlase1 ；            ....................物料 1 放置程序
            ELSEIF nConut2 <17 THEN   ........当条件 2 满足，执行下一行程序
                rPick2 ；             ....................物料 2 拾取程序
```

```
            rPlase2 ;              ......................物料 2 放置程序
        ELSE                       .......当条件 1 和 2 都不满足时，执行下一行程序
          rSuspend;                .......................物料码放完成复位程序
        ENDIF
        WaitTime 0.3;              .......................循环等待时间
      ENDWHILE

    ENDPROC

    PROC rInitialize（）          .......................初始化程序
        AccSet 80，80;             .......................设定机器人运行加速度
        VelSet 90，5000;           .......................设定机器人运行速度
        Reset do_00 ;             .......................复位吸盘工具
        nConut1 ：=1;             .......................复位物料 1 计数
        nConut2 ：=1;             .......................复位物料 2 计数
        MoveJ pHome，v1000，z100，Tool1\WObj：=Wobj1;.回原点位置
    ENDPROC

    PROC rPick1（）                .......................物料 1 拾取程序
        MoveJ                      ...............运动到物料 1 拾取正上方 80mm 处
    Offs（pPick1，Plase1_pos{nConut1，1}，Plase1_pos{nConut1，2}，80），v800，z100，Tool1\WObj：
=wobj1;
        MoveL                      ...............运动到物料 1 拾取处
    Offs（pPick1，Plase1_pos{nConut1，1}，Plase1_pos{nConut1，2}，0），v100，fine，Tool1\WObj：
= wobj1;
        Set do_00 ;               ...............置位吸盘工具，吸取物料
        WaitTime 0.5;             ...............拾取物料的等待时间
        MoveJ                      ...........拾取完运动到物料 1 拾取正上方 80mm 处
    Offs（pPick1，Plase1_pos{nConut1，1}，Plase1_pos{nConut1，2}，80），v800，z100，Tool1\WObj：
=wobj1;
      ENDPROC

    PROC rPlase1（）               .......................物料 1 放置程序
        MoveJ                      ...............运动到物料 1 放置正上方 80mm 处
    Offs（pPlase1，Plase1_pos{nConut1，1}，Plase1_pos{nConut1，2}，80），v800，z100，
Tool1\WObj：=wobj1;
        MoveL                      ...............运动到物料 1 放置处 Offs（pPlase1，
Plase1_pos{nConut1，1}，Plase1_pos{nConut1，2}，0），v100，fine，Tool1\WObj：=wobj1;
        Reset do_00 ;             ...............复位吸盘工具，放下物料
        WaitTime 0.5;             ...............放置物料的等待时间
        MoveJ                      ...........放置完运动到物料 1 拾取正上方 80mm 处
    Offs（pPlase1，Plase1_pos{nConut1，1}，Plase1_pos{nConut1，2}，80），v800，z100，
```

Tool1\WObj：=wobj1;

     Incr nConut1 ;   ....物料 1 计数加 1

    ENDPROC

    PROC rPick2 （）

      MoveJ

  Offs（pPick2,Plase2_pos{nConut2,1},Plase2_pos{nConut2,2},80）,v800,z100,Tool1\WObj：=wobj1;

      MoveL

  Offs（pPick2,Plase2_pos{nConut2,1},Plase2_pos{nConut2,2},0）,v100,fine,Tool1\WObj：=wobj1;

      Set do_00 ;

      WaitTime 0.5;

      MoveJ

  Offs（pPick2,Plase2_pos{nConut2,2},Plase2_pos{nConut2,2},80）,v800,z100,Tool1\WObj：=wobj1;

    ENDPROC

    PROC rPlase2 （）

      MoveJ

  Offs （pPlase2，Plase2_pos{nConut2，1}，Plase2_pos{nConut2，2}，80），v800，z100，Tool1\WObj：=wobj1;

      MoveL

  Offs（pPlase2,Plase2_pos{nConut2,1},Plase2_pos{nConut2,2},0）,v100,fine,Tool1\WObj：=wobj1;

      Reset do_00 ;

      WaitTime 0.5;

      MoveJ

  Offs （pPlase2，Plase2_pos{nConut2，1}，Plase2_pos{nConut2，2}，80），v800，z100，Tool1\WObj：=wobj1;

      Incr nConut2 ;

    ENDPROC

    PROC rSuspend （）   ....物料码放完成复位程序

      Reset do_00 ; ....复位吸盘工具

      MoveJ pHome，v1000，z100，Tool1\WObj：=Wobj1; 回原点位置

      nConut1 ：=1; ....复位物料 1 计数

      nConut2 ：=1; ....复位物料 2 计数

      Stop ;   ....机器人停止运行

    ENDPROC

    PROC rTeach （）   ....目标点存放程序

```
        MoveJ pHome，v1000，z100，Tool1\WObj：=Wobj1；原点位置数据
        MoveL pPick1，v100，fine，Tool1\WObj：=Wobj1；物料拾取点 1 位置数据
        MoveL pPick2，v100，fine，Tool1\WObj：=Wobj1；物料拾取点 2 位置数据
        MoveL pPlase1，v100，fine，Tool1\WObj：=Wobj1;物料放置点 1 位置数据
        MoveL pPlase2，v100，fine，Tool1\WObj：=Wobj1;物料放置点 2 位置数据
    ENDPROC
ENDMODULE
```

9.2 机器人焊接项目的编程

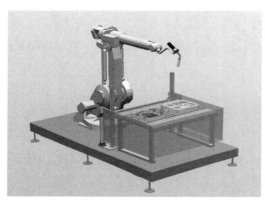

图 9.4 焊接工作站

9.2.1 焊接工作站的组成

焊接工作站主要由工业机器人、焊枪、焊机、送丝机、焊丝、焊丝盘、气瓶、冷却水系统、剪丝清洗设备、烟雾净化系统、焊接工作台这些部分搭建构成，在结构简单、紧凑的基础上实现机器人典型案例应用焊接的功能。如图 9.4 所示。

（1）奥泰 Pulse MIG-350 焊机接口说明
奥泰 Pulse MIG-350 焊机接口见图 9.5，接口说明见表 9.6。

（2）送丝机接口说明（见图 9.6）

表 9.6 焊机接口说明

序号	接口含义	序号	接口含义
1	外设控制插座 X3	6	空气开关
2	焊机输出插座（-）	7	保险丝管
3	程序升级下载口 X4	8	焊机输出插座（＋）
4	送丝机控制插座 X7	9	加热电源插座 X5
5	输入电缆		

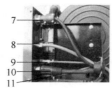

图 9.5 奥泰 Pulse MIG-350 焊机接口

图 9.6 送丝机接口

1：电流调节旋钮，转动电流调节旋钮可调节焊接电流。

2：电压调节旋钮，转动电压调节旋钮可进行弧长修正。

3：焊枪接口，连接气冷或水冷欧式焊枪。

4：回水接口，接焊枪回水管（一般是红色端）。

5：外设控制航空插座，可连接专机或遥控盒。

6：进水接口，接焊枪进水管（一般是蓝色端）。

7：送丝机控制航空插座，通过控制电缆连接焊机，用于焊机调节。

8：气管接口，通过橡胶管连接气瓶。

9：回水接口，通过橡胶管接水冷机的回水口。

10：焊接电缆插座，通过焊接电缆接焊机输出插座（＋）。

11：进水接口，通过橡胶管接水冷机的出水口。

12：手动送丝按钮，按下手动送丝按钮启动送丝机，送丝机电机上电，开始送丝。通过电流调节旋钮可调节送丝速度，松开手动送丝按钮，送丝机电机下电，停止送丝。

13：手动气检按钮，按一下手动气检按钮，打开气阀。若不启动送丝机和焊机时，可连续送气30s；若在送气期间，再按一下手动气检按钮，则停止送气。

（3）焊接控制面板按键、指示灯及本设备参数设置参考

焊机控制面板包括数字显示窗口、调节旋钮、按键、发光二极管指示灯，如图9.7所示。

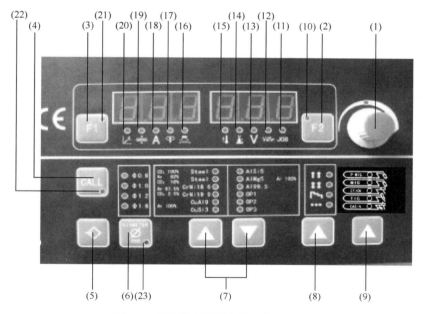

图9.7 焊机控制面板与指示灯

1：调节旋钮，调节各参数值。该调节旋钮上方指示灯亮时，可以用此旋钮调节对应项目的参数。

2：参数选择键F2。可选择进行操作的参数项目：

    —弧长修正；

    —焊接电压；

    —作业号n0。

3：参数选择键F1。可选择进行操作的参数项目：

—送丝速度；

—焊接电流；

—电弧力/电弧挺度。

4：调用键，调用已存储的参数。

5：存储键，进入设置菜单或存储参数。

6：焊丝直径选择键。选择所用焊丝直径。

7：焊丝材料选择键。选择焊接所要采用的焊丝材料及根据相应焊材使用不同保护气体。

8：焊枪操作模式键。选择焊枪操作模式：

—两步操作模式（常规操作模式）；

—四步操作模式（自锁模式）；

—特殊四步操作模式（起、收弧规范可调模式）；

—点焊操作模式。

9：焊接方式选择键。可选择焊接方式：

—P-MIG 脉冲焊接；

—MIG 一元化直流焊接；

—STICK 手工焊；

—TIG 钨极氩弧焊；

—CAC-A 碳弧气刨。

10：F2 键选中指示灯。

11：作业号 n0 指示灯。按作业号调取预先存储的作业参数。

12：焊接速度指示灯。指示灯亮时，右显示屏显示参考焊接速度（cm/min）。焊接速度与焊脚成一定的反比例关系。

13：焊接电压指示灯。指示灯亮时，右显示屏显示预置或实际焊接电压。

14：弧长修正指示灯。指示灯亮时，右显示屏显示修正弧长值。

-：弧长变短。

0：标准弧长。

+：弧长变长。

15：机内温度指示灯。焊机过热时，该指示灯亮。

16：电弧力/电弧挺度。

MIG/MAG 脉冲焊接时，调节电弧力：

-：电弧力减小。

0：标准电弧力。

+：电弧力增大。

MIG/MAG 一元化直流焊接时，改变短路过渡时的电弧挺度：

-：电弧硬而稳定。

0：中等电弧。

+：电弧柔和，飞溅小。

17：送丝速度指示灯。指示灯亮时，左显示屏显示送丝速度，单位 m/min。

18：焊接电流指示灯。指示灯亮时，左显示屏显示预置或实际焊接电流。

19：母材厚度指示灯。指示灯亮时，左显示屏显示参考母材厚度。

20：焊脚指示灯。指示灯亮时，左显示屏显示焊脚尺寸"a"。

21：F1 键选中指示灯。

22：调用作业模式工作指示灯。

23：隐含参数菜单指示灯。进入隐含参数菜单调节时指示灯亮。

（4）设备的焊机的参数设置

设备的焊机的参数设置参考如表9.7所示。

表9.7 焊机的参数设置

内容	设置值	说明
焊丝直径/mm	1.2	
焊丝材料和保护气体	二氧化碳100%	
	碳钢	
操作方式	两步	
	恒压（一元化直流焊接）	
参数键F1选择如下参数设置		
板厚/mm	2	
焊接电流/A	110	
送丝速度/（mm/s）	2.5	
电弧力/电弧挺度	5	-：电弧硬而稳定 0：中等电弧 +：电弧柔和，飞溅小
参数键F2选择如下参数设置		
弧长修正	0.5	-：弧长变短 0：标准弧长 +：弧长变长
焊接电压/V	20.5	
焊接速度/（cm/min）	60	
作业号 n	1	
隐含参数设置		

项目	用途	设定范围	最小单位	出厂设置	实际设置	说明
P01	回烧时间	0.01～2.00s	0.01s	0.08	0.05	如果焊接电压和电流机器人给定则，设置0.3
P09	近控有无	OFF/ON		OFF	ON	OFF：正常焊接规范由送丝机调节旋钮确定 ON：焊接规范由显示板调节旋钮确定
P10	P10 水冷选择			ON	OFF	选择OFF时，无水冷机或水冷机不工作，无水冷保护；选择ON时，水冷机工作，水冷机工作不正常时有水冷保护

（5）焊枪的使用

焊枪向焊接行进方向倾斜 0°～10°时的熔接法（焊接方法）称为"后退法"（与手工焊接相同）。焊枪姿态不变，向相反的方向进行焊接的方法称为"前进法"。一般而言，使用"前进法"焊接，气体保护效果较好，可以一边观察焊接轨迹，一边进行焊接操作，为此，多采用"前进法"进行焊接。如图9.8所示。

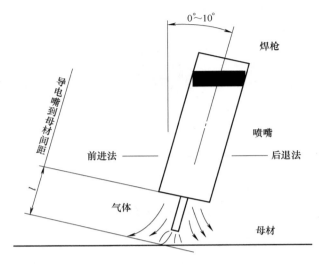

图 9.8　焊接方向与焊枪角度

9.2.2　焊接工作站控制原理

（1）系统逻辑控制

设备采用西门子S7-200系列PLC作为总的逻辑控制器，通过PLC控制机器人的运行状态以及外围设备的动作状态。如图9.9所示。

（2）机器人动作状态流程（见图9.10）

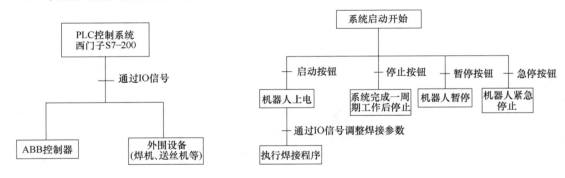

图 9.9　焊接工作站系统逻辑控制　　　　　　图 9.10　焊接工作站工作流程

9.2.3　配置 I/O 单元、I/O 信号及系统输入输出

（1）配置 I/O 单元（如表9.8所示）

表 9.8　I/O 单元参数配置

名称	单元类型	连接总线	设备网络地址
Board10	D652	DeviceNet1	10

（2）配置 I/O 信号（如表9.9所示）

表 9.9　I/O 信号参数配置

名称	信号类型	分配单元	单元映射	I/O 信号注释
di01_MotorOn	Digital Input	Board10	1	电动机上电（系统输入）
di02_Start	Digital Input	Board10	2	程序开始执行（系统输入）
di03_Stop	Digital Input	Board10	3	程序停止执行（系统输入）
di04_StartAtMain	Digital Input	Board10	4	从主程序开始执行（系统输入）
di05_EstopReset	Digital Input	Board10	5	急停复位（系统输入）
do01_AutoOn	Digital Output	Board10	0	电动机上电状态（系统输出）
do02_Estop	Digital Output	Board10	1	急停状态（系统输出）
do03_CycleOn	Digital Output	Board10	2	程序正在运行（系统输出）
do04_Error	Digital Output	Board10	3	程序报错（系统输出）
do05_Shield	Digital Output	Board10	4	升降防护罩
do06_GasOn	Digital Output	Board10	5	打开保护气体数字信号
do07_WeldOn	Digital Output	Board10	6	焊接启动数字信号
do08_FeedOn	Digital Output	Board10	7	送丝信号
Ao01_VoltReference	Analog Output	Board10	0～15	焊接电压控制模拟信号
Ao02_CurrentReference	Analog Output	Board10	16～31	焊接电流控制模拟信号

（3）配置系统输入/输出信号（如表 9.10 所示）

表 9.10　系统输入/输出信号参数配置

名称	信号名称	功能/状态	内容	I/O 信号注释
System Input	di01_MotorOn	Motor On	无	电动机上电
System Input	di02_Start	Start	Continuus	程序开始执行
System Input	di03_Stop	Stop	无	程序停止执行
System Input	di04_StartAtMain	Start at Main	Continuus	从主程序开始执行
System Input	di05_EstopReset	Reset Emergency stop	无	急停复位
System Output	do01_AutoOn	Auto on	无	电动机上电状态
System Output	do02_Estop	Emergency Stop	无	急停状态
System Output	do03_CycleOn	Cycle On	无	程序正在运行
System Output	do04_Error	Execution error	T_ROB1	程序报错
System Output	do06_GasOn	Gas On		打开保护气体数字信号
System Output	do07_WeldOn	Weld On		焊接启动数字信号
System Output	do08_FeedOn	Feed On		送丝信号
Analog Output	Ao01_VoltReference	VoltReference		焊接电压控制模拟信号
Analog Output	Ao02_CarrentRefe	CarrentRefe		焊接电流控制模拟信号

> ＊参考第 6 章的 I/O 配置方法进行设定 IO 信号参数。

9.2.4 创建工具数据、工件坐标系数据

在本工作站中请根据实际情况来设定工具数据、工件坐标系数据，以下操作均为演示。创建工具、工件数据的方法参考第 4 章，来设定工具数据 Tool1、工件坐标系数据 Wobj1。工具坐标 Tool1 数据如表 9.11 所示。

9.2.5 学习焊接指令

直线焊接指令包含 ArcLStart（焊接开始）、ArcL（焊接中间位置）、ArcLEnd（焊接结束），圆弧焊接指令包含 ArcCStart、ArcC、ArcCEnd。

直线焊接程序参考如下：

ArcLStart P1，v8，seam1，weld1，fine，tool0；
ArcL P2，v8，seam1，weld1，fine，tool0；
ArcLEnd P3，v8，seam1，weld1，fine，tool0；

表 9.11 工具坐标 Tool1 数据

参数名称	参数数值
robothold	TRUE
trans	
X	0
Y	0
Z	30
rot	
Q1	1
Q2	0
Q3	0
Q4	0
mass	2
cog	
X	0
Y	0
Z	80
其余参数均为默认值	

其中：v8 是焊接速度，seam1 是清枪时间、提前送气和滞后关气时间等参数，weld1 是焊接速度、电流和电压（弧长修正）等参数。

执行以上程序后，机器人从 P1 开始焊接到 P3 结束，焊接经过 P2 位置。

圆弧焊接程序参考如下：

ArcCStart P1，P2，v8，seam1，weld1，fine，tool0；
ArcC P3，P4，v8，seam1，weld1，fine，tool0；
ArcCEnd P5，P6，v8，seam1，weld1，fine，tool0；

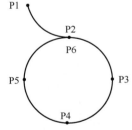

其中：v8 是焊接速度，seam1 是清枪时间、提前送气和滞后关气时间等参数，weld1 是焊接速度、电流和电压（弧长修正）等参数。

执行以上程序后，机器人从 P1 开始焊接到 P6 结束，焊接经过 P2、P3、P4、P5 位置。

9.2.6 焊接程序框架讲解

MODULE Module1
TASK PERS tooldata Tool1：=[TRUE，[[-16.746153439，17.099701517，288.764]，[0.851042407，0.148932795，0.359555653，-0.352513229]]，[1，[0，0，1]，[1，0，0，0]，0，0，0]]；......机器人工具数据
TASK PERS wobjdata Wobj1：=[FALSE，TRUE，""，[[0，0，0]，[1，0，0，0]]，[[890.282，46.646，501]，[1，0，0，0]]]；.................机器人工件坐标系数据

CONST robtarget pHome：=[[260.93202524，−46.396，446.631912625]，[0.007042267，0，−0.999975203，0]，[−1，0，0，0]，[9E9，9E9，9E9，9E9，9E9，9E9]]；
.............机器人原点位置数据

CONST robtarget pP10：=[[210.000442111，−255.500072585，−36.000009877]，[0.007041559，0.000000508，−0.999975208，0.000000688]，[−1，0，−1，0]，[9E9，9E9，9E9，9E9，9E9，9E9]]；工位 1 焊接目标点

CONST robtarget pP20：=[[70.000104951，−254.500161101，−36.000442464]，[0.00704149，0.000000853，−0.999975208，0.00000079]，[−1，0，−1，0]，[9E9，9E9，9E9，9E9，9E9，9E9]]；   工位 1 焊接目标点

TASK PERS seamdata seam1：=[0, 0.2, [0, 0, 0, 0, 0, 0, 0, 0, 0], 0, 0, 0, 0, 0, [0, 0, 0, 0, 0, 0, 0, 0, 0], 0, 0, [0, 0, 0, 0, 0, 0, 0, 0, 0], 0, 0, [0, 0, 0, 0, 0, 0, 0, 0], 1]；
                         ....起弧收弧参数

TASK PERS welddata weld1：=[10, 0, [0, 0, 0, 0, 0, 0, 0, 0, 0], [0, 0, 0, 0, 0, 0, 0, 0, 0]]；....焊接参数

CONST robtarget pT10：=[[197.500324205, 108.689991389, −0.000366485], [0, 0, 1, 0], [0, −1, 1, 0], [9E9, 9E9, 9E9, 9E9, 9E9, 9E9]]；   ....工位 2 焊接目标点

CONST robtarget pT20：=[[215.500324205, 101.251937128, −0.000366485], [0, 0, 1, 0], [0, −1, 1, 0], [9E9, 9E9, 9E9, 9E9, 9E9, 9E9]]；   ....工位 2 焊接目标点

CONST robtarget pT30：=[[223.970912441, 89.001024227, −0.000366485], [0, 0, 1, 0], [0, −1, 0, 0], [9E9, 9E9, 9E9, 9E9, 9E9, 9E9]]；   ....工位 2 焊接目标点

CONST robtarget pT40：=[[226.577247282, 62.345191763, −0.000366485], [0, 0, 1, 0], [0, −1, 0, 0], [9E9, 9E9, 9E9, 9E9, 9E9, 9E9]]；   ....工位 2 焊接目标点

CONST robtarget pT50：=[[210.646391621, 38.070262731, −0.000366485], [0, 0, 1, 0], [0, −1, 0, 0], [9E9, 9E9, 9E9, 9E9, 9E9, 9E9]]；   ....工位 2 焊接目标点

CONST robtarget pT60：=[[189.100324205, 35.797059631, −0.000366485], [0, 0, 1, 0], [0, −1, 0, 0], [9E9, 9E9, 9E9, 9E9, 9E9, 9E9]]；   ....工位 2 焊接目标点

CONST robtarget pT70：=[[174.897584479, 47.045843061, −0.000366485], [0, 0, 1, 0], [0, −1, 0, 0], [9E9, 9E9, 9E9, 9E9, 9E9, 9E9]]；   ....工位 2 焊接目标点

CONST robtarget pT80：=[[168.423401128, 80.654248405, −0.000366485], [0, 0, 1, 0], [0, −1, 0, 0], [9E9, 9E9, 9E9, 9E9, 9E9, 9E9]]；   ....工位 2 焊接目标点

CONST robtarget pT90：=[[184.35425679, 104.929177436, −0.000366485], [0, 0, 1, 0], [0, −1, 1, 0], [9E9, 9E9, 9E9, 9E9, 9E9, 9E9]]；   ....工位 2 焊接目标点

CONST robtarget pT100：=[[189.100324205, 107.202380536, −0.000366485], [0, 0, 1, 0], [0, −1, 1, 0], [9E9, 9E9, 9E9, 9E9, 9E9, 9E9]]；   ....工位 2 焊接目标点

CONST robtarget pT110：=[[197.500324205, 108.689991389, −0.000366485], [0, 0, 1, 0], [0, −1, 1, 0], [9E9, 9E9, 9E9, 9E9, 9E9, 9E9]]；   ....工位 2 焊接目标点

VAR bool ARC：=FALSE；   ....逻辑量，用于判断焊接是否结束

PROC main（）   ....主程序
　　Initall；   ....初始化程序
　　　arc1；   ....工位 1 焊接程序

```
        arc2;                          ..................工位 2 焊接程序
        stop;                          ..................焊接结束程序
    ENDPROC

    PROC Initall（）                   ..................初始化程序
        AccSet 70，80;                 ..................设定机器人加速度
        VelSet 80，5000;               ..................设定机器人速度
        Reset do_Shield;              ..................复位防护罩
        ARC ：=FALSE;                  ..................复位逻辑量
        MoveJ pHome，v100，z10，Tool1\WObj：=Wobj1;        ........回原点位置
    ENDPROC
    PROC arc1（）                       ..................工位 1 焊接程序
        MoveL Offs （pP10，0，0，100），v100，z20，Tool1\WObj：=Wobj1; 让机器
人偏移运动到工位 1 焊接起点正上方 100mm 处
        Set do_Shield;                ..........置位防护罩信号，令防护罩升起来
      MoveL pP10，v10，fine，Tool1\WObj：=Wobj1; 让机器人运动到工位 1 焊接起点
        ArcLStart pP10 ，v10，seam1，weld1，fine，Tool1\WObj：=Wobj1;起弧，开始直
线焊接
        ArcLEnd pP20 ，v10，seam1，weld1 ，fine，Tool1\WObj：=Wobj1;收弧，结束直
线焊接
        MoveL Offs （pP20，0，0，100），v100，z20，Tool1\WObj：=Wobj1;焊接完成，
运动到工位 1 焊接结束点正上方 100mm 处
        ENDPROC


    PROC arc2（）                       ..................工位 1 焊接程序
        MoveL Offs （pT10，0，0，100），v100，z10，Tool1\WObj：=Wobj1;让机器人偏
移运动到工位 2 焊接起点正上方 100mm 处
        MoveL pT10，v10，fine，Tool1\WObj：=Wobj1;让机器人运动到工位 1 焊接起点
        ArcLStart pT10 ，v10，seam1，weld1，fine，Tool1\WObj：=Wobj1;起弧，开始圆
弧焊接
        ArcC pT20，pT30，v10，seam1，weld1，z10，Tool1\WObj：=Wobj1;
        ArcC pT40，pT50，v10，seam1，weld1，z10，Tool1\WObj：=Wobj1;
        ArcC pT60，pT70，v10，seam1，weld1，z10，Tool1\WObj：=Wobj1;
        ArcC pT80，pT90，v10，seam1，weld1，z10，Tool1\WObj：=Wobj1;
        ArcCEnd pT100，pT110，v10，seam1，weld1，fine，Tool1\WObj：=Wobj1;收弧，
结束圆弧焊接
        MoveL Offs （pt110，0，0，100），v100，z20，Tool1\WObj：=Wobj1;焊接完成，
运动到工位 2 焊接结束点正上方 100mm 处
        Reset do_Shield;              ..........复位防护罩信号，令防护罩降起来
        ARC ：=TRUE;                   ..........给逻辑量进行赋值，用于逻辑控制
    ENDPROC
```

```
        PROC stop（）                    ..................焊接停止程序
            IF ARC =TRUE THEN            若焊接结束逻辑条件满足，则执行复位指令，令机器
人回原点，等待下一次任务
                Reset do_Shield;
                MoveJ pHome，v100，z10，Tool1\WObj：=Wobj1;
            ENDIF
        ENDPROC
ENDMODULE
```

9.3　机器人流水线项目的编程

9.3.1　流水线工作站的组成

流水线工作站主要由工业机器人、输送带、供料机构、码放平台、承载平台这些部分搭建构成，在结构简单、紧凑的基础上实现机器人流水线的功能。流水线工作站如图 9.11 所示。

（1）供料单元

供料单元的基本功能：在整个系统中，起着向系统中的其他单元提供原料的作用。具体的功能是：设备启动后，落料检测传感器检测到有料时，顶料气缸伸出，推料气缸自动地把物料推出到输送带上，以便输送单元进行下一步动作。

（2）直线输送单元

直线输送单元的基本功能：在供料单元推料到输送带上后，电机启动且编码器开始计数。在经过输送带上的传感器时对物料的类别进行识别区分为下一步动作做准备，到达输送带末端时电机停止等待下一步动作。

（3）工业机器人

设备中机器人采用 ABB 的 IRB 120 型号机器人。设备中机器人功能：物料到达输送带末端时，机器人夹取物料，并夹取到相应的仓储区域。IRB 120 规格参数如下。

① 特性

集成信号源手腕设 10 路信号。

集成气源手腕设 4 路空气（0.5MPa）。

机器人重复定位精度：0.01mm。

机器人安装：任意角度。

防护等级：IP30。

机器人各轴运动范围如表 9.12 所示。

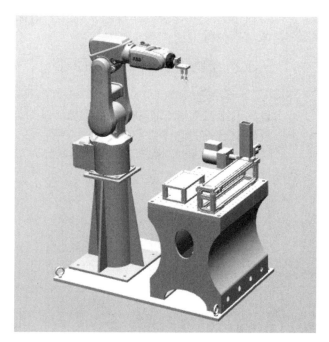

图 9.11　流水线工作站

表 9.12　机器人各轴运动范围

动作位置	动作类型	移动范围
轴 1	旋转动作	$+165°\sim-165°$
轴 2	手臂动作	$+110°\sim-110°$
轴 3	手臂动作	$+70°\sim-110°$
轴 4	手腕动作	$+160°\sim-160°$
轴 5	弯曲动作	$+120°\sim-120°$
轴 6	转向动作	$+400°\sim-400°$（默认值）
		$+242\sim-242$ 转（最大值）

② 性能　1kg 拾料节拍，TCP 最大速度 6.2m/s，TCP 最大加速度 28m/s^2，加速时间 0.07s（0～1m），工作范围 580mm。

③ 电气连接

电源电压：220V，50Hz。

额定功率：变压器额定功率 3.0kV·A，功耗 0.25kW。

④ 机器人物理特性

机器人底座尺寸：180mm×180mm。

机器人高度：700mm。

质量：25kG。

（4）气动回路

气源部分主要由一个油水分离器、三个电磁阀、两个气缸及防护罩组成。通过油水分离器给整个气路部分的气压进行调节和供气，同时过滤空气中的水分使供气干燥避免损坏气动元件。通过若干气管对气路导通，连接到电磁阀的汇流板。再通过电磁阀，分别控制气动执行元件动作（气缸）。

9.3.2　流水线工作站控制原理

（1）系统逻辑控制

设备采用三菱 FX3U-48M 系列 PLC 作为总的逻辑控制器，通过 PLC 控制机器人的运行状态以及外围设备的动作状态。如图 9.12 所示。

（2）机器人动作状态流程（见图 9.13）

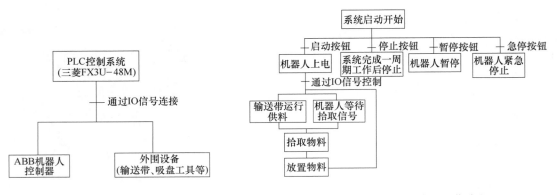

图 9.12　流水线工作站系统逻辑控制　　　　图 9.13　流水线工作站工作流程

9.3.3 配置 I/O 单元、I/O 信号及系统输入输出

（1）配置 I/O 单元（如表 9.13 所示）

表 9.13　I/O 单元参数配置

名称	单元类型	连接总线	设备网络地址
Board10	D652	DeviceNet1	10

（2）配置 I/O 信号（如表 9.14 所示）

表 9.14　I/O 信号参数配置

名称	信号类型	分配单元	单元映射	I/O 信号注释
di01_MotorOn	Digital Input	Board10	1	电动机上电（系统输入）
di02_Start	Digital Input	Board10	2	程序开始执行（系统输入）
di03_Stop	Digital Input	Board10	3	程序停止执行（系统输入）
di04_StartAtMain	Digital Input	Board10	4	从主程序开始执行（系统输入）
di05_EstopReset	Digital Input	Board10	5	急停复位（系统输入）
do01_AutoOn	Digital Output	Board10	0	电动机上电状态（系统输出）
do02_Estop	Digital Output	Board10	1	急停状态（系统输出）
do03_CycleOn	Digital Output	Board10	2	程序正在运行（系统输出）
do04_Error	Digital Output	Board10	3	程序报错（系统输出）
do_tGripper	Digital Output	Board10	4	工具控制信号
do_InFeedr	Digital Output	Board10	5	输送带控制信号

（3）配置系统输入/输出信号（如表 9.15 所示）

表 9.15　系统输入/输出信号参数配置

类型	信号名称	功能/状态	参数	I/O 信号注释
System Input	di01_MotorOn	Motor On	无	电动机上电
System Input	di02_Start	Start	Continuus	程序开始执行
System Input	di03_Stop	Stop	无	程序停止执行
System Input	di04_StartAtMain	Start at Main	Continuus	从主程序开始执行
System Input	di05_EstopReset	Reset Emergency stop	无	急停复位
System Output	do01_AutoOn	Auto on	无	电动机上电状态
System Output	do02_Estop	Emergency Stop	无	急停状态
System Output	do03_CycleOn	Cycle On	无	程序正在运行
System Output	do04_Error	Execution error	T_ROB1	程序报错

注：参考第 6 章中的 I/O 配置方法进行设定 IO 信号参数。

9.3.4 创建工具数据、工件坐标系数据

在本工作站中请根据实际情况来设定工具数据、工件坐标系数据，以下操作均为演示。创建

工具、工件数据的方法参考第 4 章，来设定工具数据 Tool1、工件坐标系数据 Wobj1。

工具坐标 Tool1 数据如表 9.16 所示。

9.3.5 学习条件判断指令

条件判断指令为 TEST。

TEST：根据指定变量的判断结果，执行对应的程序。

例如：

TEST nCount1

      CASE 0：

      RPick1；

      CASE 1：

      rPlase1；

      DEFAULT：

      Stop ；

ENDTEST

判断 nCount1 数值，若为 0 则执行 RPick1；若为 1 则执行 rPlase1，否则执行 Stop。在 CASE 中，若多种条件下执行同一操作，则可合并在同一 CASE 中：

TEST nCount1

      CASE 0，1，2，3，4：

      RPick1；

      CASE 5：

      rPlase1；

      DEFAULT：

      Stop ；

ENDTEST

表 9.16　工具坐标 Tool1 数据

参数名称	参数数值
robothold	TRUE
trans	
X	0
Y	0
Z	30
rot	
Q1	1
Q2	0
Q3	0
Q4	0
mass	2
cog	
X	0
Y	0
Z	80
其余参数均为默认值	

9.3.6 流水线程序框架讲解

MODULE Module1　　任务名称

    CONST robtarget pHome：=[[440，0.005，546.525]，[0.707106781，0，0.707106781，0]，[0，0，0，0]，[9E9，9E9，9E9，9E9，9E9，9E9]]；　　　　　　　　　　　原点位置数据

    CONST robtarget pPick：=[[676.278364991，−199.936340466，144.875141901]，[0.709683854，−0.000000356，0.704520281，−0.000000033]，[−1，−1，0，1]，[9E9，9E9，9E9，9E9，9E9，9E9]]；　　　　　　　　　　　拾取位置数据

    CONST robtarget pPlase：=[[454.48382153，−24.94240957，102.561862724]，[0.70968403，−0.000000789，0.704520104，0.000000392]，[−1，−1，0，1]，[9E9，9E9，9E9，9E9，9E9，9E9]]；　　　　　　　　　　　放置位置 1 数据

    TASK PERS wobjdata Wobj_1：=[FALSE，TRUE，""，[[403.915，−190，83.899]，[1，0，0，0]]，[[0，0，0]，[1，0，0，0]]]；　　　　　　　　　　　工件坐标数据

    TASK PERS tooldata tGripper：=[TRUE，[[83.475，0.005，66]，[1，0，0，0]]，[1，[0，0，20]，[1，0，0，0]，0，0，0]]；　　　　　　　　　　　工具数据

    CONST robtarget pPlase1：=[[50.568981463，166.05773115，18.66295248]，[0.709684129，

−0.000001044，0.704520005，0.000000448]，[−1，−1，0，1]，[9E9，9E9，9E9，9E9，9E9，9E9]]；

放置位置 2 数据

VAR num nCount：=0；	定义数据变量 nCount，用于计数
VAR num nCount1：=0；	
PERS num nXoffset：=45；	定义数据变量 nXoffset，用于 X 轴方向位置偏移
PERS num nYoffset：=−26；	定义数据变量 nYoffset，用于 Y 轴方向位置偏移
VAR bool InFeedr：=FALSE；	定义逻辑变量 InFeedr，用于逻辑控制

```
PROC main（）                                       主程序
    rInitAll；                                       初始化程序
    WHILE TRUE DO                                    循环指令
        TEST nCount                                  条件判断指令
        CASE 0，1，2，3，4，5：
        rPick；                                      拾取程序
        rPlase；                                     放置程序
        DEFAULT：
        ENDTEST

        TEST nCount1                                 条件判断指令
        CASE 0，1，2，3，4，5：
        rPick；                                      拾取程序
        rPlase1；                                    放置程序
        DEFAULT：
        Stop；                                       机器人停止
        ENDTEST
        WaitTime 0.3；                               等待 0.3s
    ENDWHILE
ENDPROC

PROC rInitAll（）                                    初始化程序
    AccSet 70，80；                                  设定机器人运行加速度
    VelSet 80，5000；                                设定机器人运行速度
    Reset do_tGripper；                             复位吸盘工具
    Reset do_InFeedr；                              复位输送带
    nCount：=0；                                     复位计数变量
    nCount1：=0；                                    复位计数变量
    MoveJ pHome，v1000，z100，tGripper\WObj：=wobj0；   机器人回原点
ENDPROC

PROC rPick（）                                       拾取程序
    Set do_InFeedr；                                置位输送带
```

```
        MoveJ Offs（pPick，0，0，100），v800，z80，tGripper\WObj：=wobj0;
                                让机器人运动到拾取点正上方 100mm 处
        WaitDI di_InBoxPos，1;                 等待物料到位信号
        MoveL pPick，v100，fine，tGripper\WObj：=wobj0;      让机器人运动到拾取点
        Set do_tGripper;                      置位吸盘工具，拾取物料
        WaitTime 0.6;                         等待物料被拾取完全
        MoveJ Offs（pPick，0，0，100），v800，z80，tGripper\WObj：=wobj0;
                                让机器人运动到拾取点正上方 100mm 处
    ENDPROC

    PROC rPlase（）                              放置 1 程序
        MoveJ Offs（pPlase1，0，nCount*nYoffset，100），v800，z80，tGripper\WObj：=
Wobj_1;                      让机器人运动到放置点正上方 100mm 处

        MoveL Offs（pPlase1，0，nCount*nYoffset，0），v100，fine，tGripper\WObj：=Wobj_1;
                                让机器人运动到放置点
        Reset do_tGripper;                   复位吸盘工具，放置物料
        WaitTime 0.6;                        等待物料被放置完全
        MoveL Offs（pPlase1，0，nCount*nYoffset，100），v800，z80，tGripper\WObj：=
Wobj_1;                      让机器人运动到放置点正上方 100mm 处
        Incr nCount;                         计数加 1
    ENDPROC

    PROC rPlase1（）                             放置 2 程序
        MoveJ Offs（pPlase1，nXoffset，nCount1*nYoffset，100），v800，z80，tGripper\WObj：
= Wobj_1;                     让机器人运动到放置点正上方 100mm 处
        MoveL Offs（pPlase1，nXoffset，nCount1*nYoffset，0），v100，fine，tGripper\WObj：
=Wobj_1;                                让机器人运动到放置点
        Reset do_tGripper;                   复位吸盘工具，放置物料
        WaitTime 0.6;                        等待物料被放置完全
        MoveL Offs（pPlase1，nXoffset，nCount1*nYoffset，100），v800，z80，tGripper\WObj：
=Wobj_1;                     让机器人运动到放置点正上方 100mm 处
        Incr nCount1;                        计数加 1
    ENDPROC

    PROC rModPos（）                             目标点存放程序
        MoveJ pHome，v1000，z100，tGripper\WObj：=wobj0;      原点
        MoveL pPick，v800，z80，tGripper\WObj：=wobj0;         拾取点
        MoveL pPlase，v800，z80，tGripper\WObj：=Wobj_1;       放置点 1
        MoveL pPlase1，v800，z80，tGripper\WObj：=Wobj_1;      放置点 2
    ENDPROC
ENDMODULE
```

9.4 机器人气动卡盘上下料项目的编程

9.4.1 气动卡盘上下料工作站的组成

气动卡盘上下料工作站主要由工业机器人、气动卡盘、仓储单元、气动手爪工具、实训桌及安全光幕这些部分搭建构成，在结构简单、紧凑的基础上实现机器人上下料的功能。如图9.14所示。

（1）实训桌

实训桌包括铝铁实训桌、有机玻璃结构的防护围栏框架。其中实训桌采用中空，抽屉式设计，结构紧凑，更加适合电气控制系统的安装。防护围栏采用三面透明的有机玻璃，一面开口且开口面采用对射型安全光幕，在设备运行中能有效地进行安全护。

（2）气动卡盘

气动卡盘用于模拟机床卡盘，来完成模拟机床上下料的实际情况。

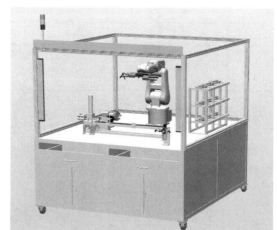

图9.14 气动卡盘上下料工作站

（3）气动手爪

气动手爪拥有双工位，可以一边抓取未加工的物料，另一边抓取加工好的工件，从而提高工作效率。

（4）工业机器人

设备中机器人采用 ABB 的 IRB 120 型号机器人。设备中机器人功能：从仓储区抓取未加工的物料，到气动卡盘处模拟机床加工；加工完成后，机器人夹取加工好的工件，并放置到相应的仓储区域。IRB 120 规格参数如下。

① 特性

集成信号源手腕设 10 路信号。

集成气源手腕设 4 路空气（5MPa）。

机器人重复定位精度：0.01mm。

机器人安装：任意角度。

防护等级：IP30。

机器人各轴运动范围如表 9.17 所示。

② 性能 1kg 拾料节拍，TCP 最大速度 6.2m/s，TCP 最大加速度 28m/s^2，加速时间 0.07s（0~1m），工作范围 580mm。

③ 电气连接

电源电压：220V，50Hz。

额定功率：变压器额定功率 3.0kV·A，功耗 0.25kW。

④ 机器人物理特性

机器人底座尺寸：180mm×180mm。

机器人高度：700mm。

质量：25kG。

表 9.17 机器人各轴运动范围

动作位置	动作类型	移动范围
轴1	旋转动作	+165°～-165°
轴2	手臂动作	+110°～-110°
轴3	手臂动作	+70°～-110°
轴4	手腕动作	+160°～-160°
轴5	弯曲动作	+120°～-120°
轴6	转向动作	+400°～-400°（默认值）
		+242～-242 转（最大值）

（5）气动回路

气源部分主要由一个油水分离器、三个电磁阀、气动卡盘及机器人手爪组成。通过油水分离器给整个气路部分的气压进行调节和供气，同时过滤空气中的水分使供气干燥避免损坏气动元件。通过若干气管对气路导通，连接到电磁阀的汇流板。再通过电磁阀，分别控制气动执行元件动作（气动卡盘机器人气动手爪）。

9.4.2 气动卡盘上下料工作站控制原理

（1）系统逻辑控制

设备采用三菱 FX3U-48M 系列 PLC 作为总的逻辑控制器，通过 PLC 控制机器人的运行状态以及外围设备的动作状态。如图 9.15 所示。

（2）机器人动作状态流程（见图 9.16）

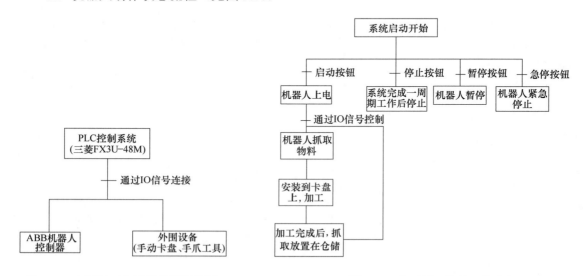

图 9.15 上下料工作站系统逻辑控制　　　　图 9.16 上下料工作站工作流程

9.4.3 配置 I/O 单元、I/O 信号及系统输入输出

（1）配置 I/O 单元（如表 9.18 所示）

表 9.18   I/O 单元参数配置

名称	单元类型	连接总线	设备网络地址
Board10	D652	DeviceNet1	10

（2）配置 I/O 信号（如表 9.19 所示）

表 9.19   I/O 信号参数配置

名称	信号类型	分配单元	单元映射	I/O 信号注释
di01_MotorOn	Digital Input	Board10	1	电动机上电（系统输入）
di02_Start	Digital Input	Board10	2	程序开始执行（系统输入）
di03_Stop	Digital Input	Board10	3	程序停止执行（系统输入）
di04_StartAtMain	Digital Input	Board10	4	从主程序开始执行（系统输入）
di05_EstopReset	Digital Input	Board10	5	急停复位（系统输入）
do01_AutoOn	Digital Output	Board10	0	电动机上电状态（系统输出）
do02_Estop	Digital Output	Board10	1	急停状态（系统输出）
do03_CycleOn	Digital Output	Board10	2	程序正在运行（系统输出）
do04_Error	Digital Output	Board10	3	程序报错（系统输出）
do_tGripper	Digital Output	Board10	4	工具控制信号
do_Chuck	Digital Output	Board10	5	气动卡盘控制信号

（3）配置系统输入/输出信号（如表 9.20 所示）

表 9.20   系统输入/输出信号参数配置

类型	信号名称	功能/状态	参数	I/O 信号注释
System Input	di01_MotorOn	Motor On	无	电动机上电
System Input	di02_Start	Start	Continuus	程序开始执行
System Input	di03_Stop	Stop	无	程序停止执行
System Input	di04_StartAtMain	Start at Main	Continuus	从主程序开始执行
System Input	di05_EstopReset	Reset Emergency stop	无	急停复位
System Output	do01_AutoOn	Auto on	无	电动机上电状态
System Output	do02_Estop	Emergency Stop	无	急停状态
System Output	do03_CycleOn	Cycle On	无	程序正在运行
System Output	do04_Error	Execution error	T_ROB1	程序报错

注：参考第 6 章中的 I/O 配置方法进行设定 IO 信号参数。

9.4.4   创建工具数据、工件坐标系数据

在本工作站中请根据实际情况来设定工具数据、工件坐标系数据，以下操作均为演示。创建工具、工件数据的方法参考第 4 章，来设定工具数据 Tool1、工件坐标系数据 Wobj1。

工具坐标 Tool1 数据如表 9.21 所示。

9.4.5 学习轴配置监控指令

ConfL：指定机器人在线性运动及圆弧运动过程中是否严格遵循程序中已设定的轴配置参数。在默认情况下，轴配置监控是打开的，当关闭轴配置监控后，机器人在运动过程中采取最接近当前轴配置数据的配置到达指定目标点。

例如：目标点 p10 中，数据[1，0，1，0]就是此目标点的轴配置数据：

CONST robtarget

p10：=[[*，*，*]，[*，*，*，*]，[1，0，1，0]，[9E9，9E9，9E9，9E9，9E9，9E9]];

ConfL\Off;

MoveL p10 ，v1000，fine，tool0;

机器人自动匹配一组最接近当前各关节轴姿态的轴配置数据移动至目标点 p10，到达 p10 时，轴配置数据不一定为程序中指定的[1，0，1，0]。

该指令用于当机器人运动过程中容易出现报警"轴配置错误"而造成停机时，则可通过指令 CountL\Off 关闭轴配置监控，使机器人自动匹配可行的轴配置来到达指定目标点。

表 9.21　工具坐标 Tool1 数据

参数名称	参数数值
robothold	TRUE
trans	
X	0
Y	0
Z	30
rot	
Q1	1
Q2	0
Q3	0
Q4	0
mass	2
cog	
X	0
Y	0
Z	80
其余参数均为默认值	

9.4.6 气动卡盘上下料程序框架讲解

MODULE Module1 .... 任务名称
　　TASK PERS tooldata .... 工具数据
Tool1：=[TRUE，[[91.7，−0.001，58]，[0.707106781，0，0.707106781，0]]，[1，[0，0，1]，[1，0，0，0]，0，0，0]];
　　TASK PERS wobjdata .... 工件坐标系数据
Wobj1：=[FALSE，TRUE，""，[[0，0，0]，[1，0，0，0]]，[[355，−250，−500]，[1，0，0，0]]];
　　CONST robtarget .... 原点位置数据
pHome：=[[77，249.999，1038.3]，[0，0，1，0]，[0，0，0，0]，[9E9，9E9，9E9，9E9，9E9，9E9]];
　　CONST robtarget .... 拾取点 1 位置数据
pPick：=[[153.045040948，69.078409803，519.051142369]，[0.002672716，0.000000158，−0.999996428，0.000000009]，[−1，−1，0，1]，[9E9，9E9，9E9，9E9，9E9，9E9]];
　　CONST robtarget .... 拾取点 2 位置数据
pPick1：=[[153.194051898，174.116249369，519.160709008]，[0.00267307，−0.00000016，−0.999996427，−0.000000144]，[−1，−1，0，1]，[9E9，9E9，9E9，9E9，9E9，9E9]];
　　CONST robtarget .... 放置点位置数据

pPlase：=[[153.045151627，369.369865329，519.07250646]，[0.002672862，0.000000291，−0.999996428，0.000000008]，[0，0，−1，1]，[9E9，9E9，9E9，9E9，9E9，9E9]]；

```
    VAR num nConut1：=1;                    ..................... 物料计数变量
    PERS num                               ..................... 物料位置数组数据
Plase_pos{9，2}：=[[0，0]，[0，170]，[0，340]，[170，0]，[170，170]，[170，340]，[340，0]，[340，170]，[340，340]];

    PROC main（）                          ..................... 主程序
        rInitialize;                       ..................... 初始化程序
        WHILE TRUE  DO                     ..................... 条件判断指令
            IF   nConut1 < 9 THEN
                rPick ;                    ..................... 物料拾取程序
                    rMetalwork  ;          ..................... 模拟机床加工程序
                rPlase ;                   ..................... 物料放置程序
            ELSE                           ....... 当条件不满足时，执行下一行程序
                rSuspend;                  ..................... 物料完成复位程序
            ENDIF
            WaitTime 0.3;                  ..................... 循环等待时间
        ENDWHILE
    ENDPROC

    PROC rInitialize（）                   .....................初始化程序
        AccSet 80，80;                     .....................设定机器人运行加速度
        VelSet 90，5000;                   .....................设定机器人运行速度
        do_tGripper ;                      .....................复位吸盘工具
        do_Chuck;                          .....................复位气动卡盘
        nConut1 ：=1;                      .....................复位物料 1 计数
        ConfL\Off;                         .....................关闭线性轴配置
        ConfJ\Off;                         .....................关闭关节轴配置
        MoveJ pHome，v1000，z100，Tool1\WObj：=Wobj1;.回原点位置
    ENDPROC

    PROC rPick（）                         .....................物料拾取程序
        MoveJ                              ...............运动到物料拾取前方 90mm 处
    Offs（pPickPlase，90，Plase_pos{nConut1 ，1}，Plase_pos{nConut1 ，2}+10），v800，z100，Tool1\WObj：=wobj1;
        MoveL                              ...............运动到物料拾取处
    Offs（pPickPlase，0，Plase_pos{nConut1 ，1}，Plase_pos{nConut1 ，2}），v100，fine，Tool1\WObj：=wobj1;
        Set do_tGripper ;                  ...............置位吸盘工具，吸取物料
        WaitTime 0.5;                      ...............拾取物料的等待时间
```

MoveJ ....拾取完运动到物料拾取前方 90mm 处
Offs（pPickPlase，90，Plase_pos{nConut1 ，1}，Plase_pos{nConut1 ，2}+10），v800，z100，Tool1\WObj：=wobj1；
    ENDPROC
PROC rMetalwork （）
    MoveJ Offs（pPick1，80，0，300），v800，z100，Tool1\WObj：=wobj1；
    MoveJ Offs（pPick1，80，0，0），v800，z100，Tool1\WObj：=wobj1；
    MoveL pPick1，v100，fine，Tool1\WObj：=wobj1；
    Set do_Chuck；
    Reset   do_tGripper；
    WaitTime 0.5；
    MoveJ Offs（pPick1，0，50，0），v800，z100，Tool1\WObj：=wobj1；
    WaitTime 5；
    MoveL pPick1，v100，fine，Tool1\WObj：=wobj1；
    Set   do_tGripper；
    Reset do_Chuck；
    WaitTime 0.5；
    MoveJ Offs（pPick1，80，0，0），v800，z100，Tool1\WObj：=wobj1；
    MoveJ Offs（pPick1，80，0，300），v800，z100，Tool1\WObj：=wobj1；
  ENDPROC

PROC rPlase （） ....物料放置程序
    MoveJ ....运动到物料放置前方 90mm 处
Offs（pPickPlase，90，Plase_pos{nConut1 ，1}，Plase_pos{nConut1 ，2}+10），v800，z100，Tool1\WObj：=wobj1；
    MoveL ....运动到物料放置处
Offs（pPickPlase，0，Plase_pos{nConut1 ，1}，Plase_pos{nConut1 ，2}），v100，fine，Tool1\WObj：=wobj1；
    Reset do_tGripper； ....复位吸盘工具，放下物料
    WaitTime 0.5； ....放置物料的等待时间
    MoveJ ....放置完运动到物料拾取前方 90mm 处
Offs（pPickPlase，90，Plase_pos{nConut1 ，1}，Plase_pos{nConut1 ，2}+10），v800，z100，Tool1\WObj：=wobj1；
    Incr nConut1 ； ....物料计数加 1
  ENDPROC

PROC rSuspend （） .... 物料完成复位程序
    Reset do_tGripper； .... 复位吸盘工具
    MoveJ pHome，v1000，z100，Tool1\WObj：=Wobj1； 回原点位置
    nConut1 ：=1； .... 复位物料计数
    Stop ； .... 机器人停止运行
  ENDPROC

```
    PROC rTeach（）                          .................... 目标点存放程序
        MoveJ pHome，v1000，z100，Tool1\WObj：=Wobj1;            原点位置数据
        MoveL pPickPlase，v100，fine，Tool1\WObj：=Wobj1;物料拾取放置点 1 位置数据
        MoveL pPick1，v100，fine，Tool1\WObj：=Wobj1;   物料拾取放置点 2 位置数据
    ENDPROC
ENDMODULE
```

附录 1　常用的 ABB 标准 I/O 板

（具体规格参数以 ABB 官方最新公布为准）

1．ABB 标准 I/O 板 DSQC651

DSQC651 板主要提供 8 个数字输入信号、8 个数字输出信号和 2 个模拟输出信号的处理。

（1）模块接口说明

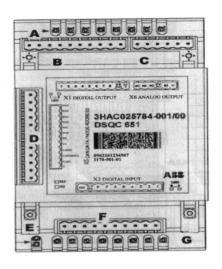

标号	说明
A	数字输出信号指示灯
B	X1 数字输出接口
C	X6 模拟输出接口
D	X5 是DeviceNet 接口
E	模块状态指示灯
F	X3 数字输入接口
G	数字输入信号指示灯

（2）模块接口连接说明

X1 端子				X3 端子		
端子编号	使用定义	地址分配		端子编号	使用定义	地址分配
17	OUTPUT CH1	32		1	INPUT CH1	0
2	OUTPUT CH2	33		2	INPUT CH2	1
3	OUTPUT CH3	34		3	INPUT CH3	2
4	OUTPUT CH4	35		4	INPUT CH4	3
5	OUTPUT CH5	36		5	INPUT CH5	4
6	OUTPUT CH6	37		6	INPUT CH6	5
7	OUTPUT CH7	38		7	INPUT CH7	6
8	OUTPUT CH8	39		8	INPUT CH8	7
9	0V			9	0V	
10	24V			10	未使用	

X5 端子	
端子编号	使用定义
1	0V BLACK
2	CAN 信号线 low BLUE
3	屏蔽线
4	CAN 信号线 high WHILE
5	24V RED
6	GND 地址选择公共端
7	模块 ID bit 0（LSB）
8	模块 ID bit 1（LSB）
9	模块 ID bit 2（LSB）
10	模块 ID bit 3（LSB）
11	模块 ID bit 4（LSB）
12	模块 ID bit 5（LSB）

X6 端子		
端子编号	使用定义	地址分配
1	未使用	
2	未使用	
3	未使用	
4	0V	
5	模拟输出 ao1	0~15
6	模拟输出 ao2	16~31

（3）说明

① BLACK 黑色，BLUE 蓝色，WHILE 白色，RED 红色。

② ABB 标准 I/O 板是挂在 DeviceNet 网络上的，所以要设定模块在网络中的地址。端子 X5 的 6~12 的跳线用来决定模块的地址，地址可用范围在 10~63。如右图，将第 8 脚和第 10 脚的跳线剪去，2+8=10，就可以获得地址 10。

③ 模拟输出的范围：0~10V。

2. ABB 标准 I/O 板 DSQC652

DSQC652 板主要提供 16 个数字输入信号和 16 个数字输出信号的处理。

（1）模块接口说明

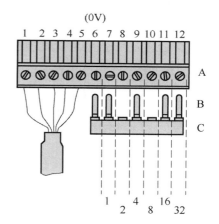

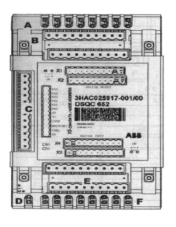

标号	说明
A	数字输出信号指示灯
B	X1、X2 数字输出接口
C	X5 是 DeviceNet 接口
D	模块状态指示灯
E	X3、X4 数字输入接口
F	数字输入信号指示灯

（2）模块接口连接说明

X1 端子		
端子编号	使用定义	地址分配
1	OUTPUT CH1	0
2	OUTPUT CH2	1
3	OUTPUT CH3	2
4	OUTPUT CH4	3
5	OUTPUT CH5	4
6	OUTPUT CH6	5
7	OUTPUT CH7	6
8	OUTPUT CH8	7
9	0V	
10	24V	

X2 端子		
端子编号	使用定义	地址分配
1	OUTPUT CH9	8
2	OUTPUT CH10	9
3	OUTPUT CH11	10
4	OUTPUT CH12	11
5	OUTPUT CH13	12
6	OUTPUT CH14	13
7	OUTPUT CH15	14
8	OUTPUT CH16	15
9	0V	
10	24V	

X3 端子		
端子编号	使用定义	地址分配
1	INPUT CH1	0
2	INPUT CH2	1
3	INPUT CH3	2
4	INPUT CH4	3
5	INPUT CH5	4
6	INPUT CH6	5
7	INPUT CH7	6
8	INPUT CH8	7
9	0V	
10	24V	

X4 端子		
端子编号	使用定义	地址分配
1	INPUT CH9	8
2	INPUT CH10	9
3	INPUT CH11	10
4	INPUT CH12	11
5	INPUT CH13	12
6	INPUT CH14	13
7	INPUT CH15	14
8	INPUT CH16	15
9	0V	
10	24V	

X5 端子	
端子编号	使用定义
1	0V BLACK
2	CAN 信号线 low BLUE
3	屏蔽线
4	CAN 信号线 high WHILE
5	24V RED
6	GND 地址选择公共端
7	模块 ID bit 0（LSB）
8	模块 ID bit 1（LSB）
9	模块 ID bit 2（LSB）
10	模块 ID bit 3（LSB）
11	模块 ID bit 4（LSB）
12	模块 ID bit 5（LSB）

（3）说明

① BLACK 黑色，BLUE 蓝色，WHILE 白色，RED 红色。

② ABB 标准 I/O 板是挂在 DeviceNet 网络上的，所以要设定模块在网络中的地址。端子 X5 的 6～12 的跳线用来决定模块的地址，地址可用范围在 10～63。如右图，将第 8 脚和第 10 脚的跳线剪去，2+8=10 就可以获得地址 10。

3．ABB 标准 I/O 板 DSQC653

DSQC653 板主要提供 8 个数字输入信号和 8 个数字继电器输出信号的处理。

（1）模块接口说明

标号	说明
A	数字输出信号指示灯
B	X1 数字继电器输出信号接口
C	X5 是 DeviceNet 接口
D	模块状态指示灯
E	X3 数字输入接口
F	数字输入信号指示灯

（2）模块接口连接说明

X1 端子		
端子编号	使用定义	地址分配
1	OUTPUT CH1A	0
2	OUTPUT CH1B	
3	OUTPUT CH2A	1
4	OUTPUT CH2B	
5	OUTPUT CH3A	2
6	OUTPUT CH3B	
7	OUTPUT CH4A	3
8	OUTPUT CH4B	
9	OUTPUT CH5A	4
10	OUTPUT CH5B	
11	OUTPUT CH6A	5
12	OUTPUT CH6B	
13	OUTPUT CH7A	6
14	OUTPUT CH7B	
15	OUTPUT CH8A	7
16	OUTPUT CH8B	

X3 端子		
端子编号	使用定义	地址分配
1	INPUT CH1	0
2	INPUT CH2	1
3	INPUT CH3	2
4	INPUT CH4	3
5	INPUT CH5	4
6	INPUT CH6	5
7	INPUT CH7	6
8	INPUT CH8	7
9	0V	
10～16	未使用	

X5 端子同 DQSC651 板。

4. ABB 标准 I/O 板 DSQC355A

DSQC355A 板主要提供 4 个模拟输入信号和 4 个模拟输出信号的处理。

（1）模块接口说明

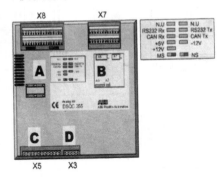

标号	说明
A	X8 模拟输入端口
B	X7 模拟输出端口
C	X5 是DeviceNet 接口
D	X3 是供电电源

（2）模块接口连接说明

X3 端子	
端子编号	使用定义
1	0V
2	未使用
3	接地
4	未使用
5	+24V

X8 端子		
端子编号	使用定义	地址分配
1	模拟输入_1，-10V/+10V	0～15
2	模拟输入_2，-10V/+10V	16～31
3	模拟输入_3，-10V/+10V	32～47
4	模拟输入_4，-10V/+10V	48～63
5～16	未使用	
17～24	+24V	
25	模拟输入_1，0V	
26	模拟输入_2，0V	
27	模拟输入_3，0V	
28	模拟输入_4，0V	
29～32	0V	

X7 端子		
端子编号	使用定义	地址分配
1	模拟输出_1，-10V/+10V	0～15
2	模拟输出_2，-10V/+10V	16～31
3	模拟输出_3，-10V/+10V	32～47
4	模拟输出_4，4～20mA	48～63
5～18	未使用	
19	模拟输出_1，0V	
20	模拟输出_2，0V	
21	模拟输出_3，0V	
22	模拟输出_4，0V	
23～24	未使用	

X5 端子同 DSQC651。

5．ABB 标准 I/O 板 DSQC377A

DSQC377A 板主要提供机器人输送链跟踪功能所需的编码器与同步开关信号的处理。

（1）模块接口说明

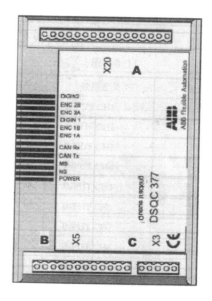

标号	说明
A	X20 是编码器与同步开关的端子
B	X5　是DeviceNet 接口
C	X3　是供电电源

（2）模块接口连接说明

X20 端子	
端子编号	使用定义
1	+24V
2	0V
3	编码器 1，24V
4	编码器 1，0V
5	编码器 1，A 相
6	编码器 1，B 相
7	数字输入信号 1，24V
8	数字输入信号 1，0V
9	数字输入信号 1，信号
10～16	未使用

X3 同 DSQC355A，X5 同 DSQC651。

附录 2　RAPID 程序指令与功能说明

1. 程序执行的控制

程序	功能	指令	说　明
程序的调用		ProcCall	调用例行程序
		CallByVar	通过带变量的例行程序名称调用例行程序
		RETURN	返回原例行程序
例行程序内的逻辑控制		Compact IF	如果条件满足，就执行一条指令
		IF	当满足不同的条件时，执行对应的程序
		FOR	根据指定的次数，重复执行对应的程序
		WHILE	如果条件满足，重复执行对应的程序
		TEST	对一个变量进行判断，从而执行不同的程序
		GOTO	跳转到例行程序内标签的位置
		Label	跳转标签
停止程序执行		Stop	停止程序指令
		EXIT	停止程序指令并禁止在停止处再开始
		Break	临时停止程序执行，用于手动调试
		SystemStopAction	停止程序执行与机器人运动
		ExitCycle	中止当前程序的运行并将程序指针 PP 复位到主程序的第一条指令。如果选择了程序连续运行模式，程序将从主程序的第一句重新执行

2. 变量指令

程序	功能	指令	说　明
赋值指令		:=	对程序数据进行赋值
等待指令		WaitTime	等待一个指定的时间，程序再往下执行
		WaitUntil	等待一个条件满足后，程序继续往下执行
		WaitDI	等待一个输入信号状态为设定值
		WaitDO	等待一个输出信号状态为设定值
程序注释		comment	对程序进行注释
程序模块加载		Load	从机器人硬盘加载一个程序模块到运行内存
		UnLoad	从运行内存中卸载一个程序模块
		Start Load	在程序执行过程中，加载一个程序模块到运行内存中
		Wait Load	当 Start Load 使用后，使用此指令将程序模块连接到任务中使用
		CancelLoad	取消加载程序模块
		CheckProgRef	检查程序引用
		Save	保存程序模块
		EraseModule	从运行内存删除程序模块
变量功能		TryInt	判断数据是否是有效的整数
	OpMode		读取当前机器人的操作模式

续表

程序	功能	指令	说　　明
变量功能	RunMode		读取当前机器人程序的运行模式
	NonMotionMode		读取程序任务当前是否无运动的执行模式
	Dim		获取一个数组的维数
	Present		读取带参数例行程序的可选参数值
	IsPers		判断一个参数是不是可变量
	IsVar		判断一个参数是不是变量
转换功能		StrToByte	将字符串转换为指定格式的字节数据
		ByteToStr	将字符数据转换成字符串

3．运动设定

程序	功能	指令	说　　明
速度设定	MaxRobSpeed		获取当前型号机器人可实现的最大 TCP 速度
		VelSet	设定最大的速度与倍率
		SpeedRefresh	更新当前运动的速度倍率
		AccSet	定义机器人的加速度
		WorldAccLim	设定大地坐标中工具与载荷的加速度
		PathAccLim	设定运动路径中 TCP 的加速度
轴配置管理		ConfJ	关节运动的轴配置控制
		CONfL	线性运动的轴配置控制
奇异点的管理		SingArea	设定机器人运动时，在奇异点的插补方式
位置偏置功能		PDispOn	激活位置偏置
		PDispSet	激活指定数值的位置偏置
		PDispOff	关闭位置偏置
		EOffsOn	激活外轴偏置
		EOffsSet	激活指定数值的外轴偏置
		EOffsOff	关闭外轴位置偏置
	DefDFrame		通过三个位置数据计算出位置的偏置
	DefFrame		通过六个位置数据计算出位置的偏置
	ORobT		从一个位置数据删除位置偏置
	DefAccFrame		从原来位置和替换位置定义一个框架
软伺服功能		SoftAct	激活一个或多个轴的软伺服功能
		SoftDeact	关闭软伺服功能
机器人参数调整功能		TuneServo	伺服调整
		TuneReset	伺服调整复位
		PathResol	几何路径精度调整
		CirPathMode	在圆弧插补运动时，工具姿态的交换方式
空间监控管理（注：这些功能需要选项"world zones"配合）		WZBoxDef	定义一个方形的监控空间
		WZCylDef	定义一个圆柱形的监控空间
		WZSphDef	定义一个球形的监控空间
		WZHomeJointDef	定义一个关节轴坐标的监控空间

续表

程序	功能	指令	说　明
空间监控管理 （注：这些功能 需要选项 "world zones" 配合）		WZLimJointDef	定义一个限定为不可进入的关节轴坐标监控空间
		WZLimSup	激活一个监控空间并限定为不可进入
		WZDOSet	激活一个监控空间并与一个输出信号关联
		WZEnable	激活一个临时的监控空间
		WZFree	关闭一个临时的监控空间

4．运动控制

程序	功能	指令	说　明
机器人运动 控制		MoveC	TCP 圆弧运动
		MoveJ	关节运动
		MoveL	TCP 线性运动
		MoveAbsJ	轴绝对角度位置运动
		MoveExtJ	外部直线轴和旋转轴运动
		MoveCDO	TCP 圆弧运动的同时触发一个输出信号
		MoveJDO	关节运动的同时触发一个输出信号
		MoveLDO	TCP 线性运动的同时触发一个输出信号
		MoveCSync	TCP 圆弧运动的同时执行一个例行程序
		MoveJSync	关节运动的同时执行一个例行程序
		MoveLSync	TCP 线性运动的同时执行一个例行程序
搜索功能		SearchC	TCP 圆弧搜索运动
		SearchL	TCP 线性搜索运动
		SearchExtJ	外轴搜索运动
指定位置触发 信号与中断 功能		TriggIO	定义触发条件在一个指定的位置触发输出信号
		TriggInt	定义触发条件在一个指定的位置触发中断程序
		TriggCheckIO	定义一个指定的位置进行 I/O 状态检查
		TriggEquip	定义触发条件在一个指定的位置触发输出信号，并对信号响应的 延迟进行补偿设定
		TriggRampAO	定义触发条件在一个指定的位置触发模拟输出信号，并对信号响 应的延迟进行补偿设定
		TriggC	带触发事件的圆弧运动
		TriggJ	带触发事件的关节运动
		TriggL	带触发事件的线性运动
		TriggLIOs	在一个指定的位置触发输出信号的线性运动
		StepBwdpath	在 RESTART 的事件程序中进行路径的返回
		TriggStopProc	在系统中创建一个监控处理，用于在 STOP 和 QSTOP 中需要信 号复位和程序数据复位的操作
		TriggSpeed	定义模拟输出信号与实际 TCP 速度之间的配合
出错或中断时 的运动控制 （※这些功能 需要选项"Path recovery" 配合）		SotpMove	停止机器人运动
		StartMove	重新启动机器人运动
		StartMoveRetry	重新启动机器人运动及相关的参数设定
		StartMovReset	对停止运动状态复位，但不重新启动机器人运动

续表

程序	功能	指令	说　明
出错或中断时的运动控制（※这些功能需要选项"Path recovery"配合）		StorePath※	储存已生成的最近路径
		RestoPath※	重新生成之前储存的路径
		ClearPath	在当前的运动路径级别中，清空整个运动路径
		PathLevel	获取当前路径级别
		SyncMoveSuspend※	在 StorePath 的路径级别中暂停同步坐标的运动
		SyncMoveResume※	在 StorePath 的路径级别中返回同步坐标的运动
	IsStopMoveAct		获取当前停止运动标志符
外轴的控制		DeactUnit	关闭一个外轴单元
		ActUnit	激活一个外轴单元
		ActUnitLoad	定义外轴单元的有效载荷
	GetNextMechUnit		检索外轴单元的机器人系统中的名字
	IsMechUnitActive		检查一个外轴单元状态是关闭/激活
独立轴控制（注：这些功能需要选项"Independent movement"配合）		IndAMove	将一个轴设定为独立轴模式并进行绝对位置方式运动
		IndCMove	将一个轴设定为独立轴模式并进行连续方式运动
		IndDMove	将一个轴设定为独立轴模式并进行角度方式运动
		IndRMove	将一个轴设定为独立轴模式并进行相对位置方式运动
		IndReset	取消独立轴模式
	IndInPos		检查独立轴是否已到达指定位置
	IndSpeed		检查独立轴是否已到达指定的速度
路径修正功能（注：这些功能需要选项"Path offset or RobotWare-Arc sensor"配合）		CorrCon	连接一个路径修正生成器
		CorrWrite	将路径坐标系统中的修正值写到修正生成器
		corrDiscon	断开一个已连接的路径修正生成器
		CorrClear	取消所有已连接的路径修正生成器
	CorrRead		读取所有已连接的路径修正生成器的总修正值
路径记录功能（注：这些功能需要选项"Path recovery"配合）		PathRecStart	开始记录机器人的路径
		PathRecStop	停止记录机器人的路径
		PathRecMoveBwd	机器人根据记录的路径作后退运动
		PathRecMoveFwd	机器人运动到执行 PathRecMoveBwd 这个指令位置上
	PathRecValidBwd		检查是否已激活路径记录和是否是有可后退的路径
	PathRecValidFwd		检查是否有可向前的记录路径
输送链跟踪功能（注：这些功能需要选项"Conveyor tracking"配合）		WaitWObj	等待输送链上的工件坐标
		DropWObj	放弃输送链上的工件坐标
传感器同步功能（注：这些功能要选项"Sensor synchronization"配合）		WaitSensor	将一个在开始窗口的对象与传感器设备关联起来
		SyncToSensor	开始/停止机器人与传感器设备的运动同步
		DropSensor	断开当前对象的连接

续表

程序	功能	指令	说　明
有效载荷与碰撞检测（此功能需要选项"collision detection"配合）		MotionSup	激活/关闭运动监控
		LoadId	工具或有效载荷的识别
		ManLoadId	外轴有效载荷的识别
关于位置的功能	Offs		对机器人位置进行偏移
	RelTool		对工具的位置和姿态进行偏移
	CalcRobT		从 jointtarget 计算出 robtarget
	CPos		读取机器人当前的 X、Y、Z
	CRobT		读取机器人当前的 robtarget
	CjointT		读取机器人当前的关节轴角度
	ReadMotor		读取轴电动机当前的角度
	CTool		读取工具坐标当前的数据
	CWObj		读取工件坐标当前的数据
	MirPos		镜像一个位置
	CalcJointT		从 robtarget 计算出 jointtarget
	Distance		计算两个位置的距离
	PERtance		检查当路径因电源关闭而中断的时候
	CSpeedOverride		读取当前使用的速度倍率

5. 输入/输出信号的处理

机器人可以在程序中对输入/输出信号进行读取与赋值，以实现程序控制的需要。

程序	功能	指令	说　明
对输入/输出信号的值进行设定		InvertDO	对一个数字输出信号的值置反
		PulseDO	数字输出信号进行脉冲输出
		Reset	将数字输出信号设置为 0
		Set	将数字输出信号设置为 1
		SetAO	设定模拟输出信号的值
		SetDO	设定数字输出信号的值
		SetGO	设定组输出信号的值
读取输入/输出信号值	AOutput		读取模拟输出信号的当前值
	DOutput		读取数字输出信号的当前值
	GOutput		读取组输出信号的当前值
	TestDI		检查一个数字输入信号一置 1
	ValidIO		检查 I/O 信号是否有效
		WaitDI	等待一个数字输入信号的指定状态
		WaitDO	等待一个数字输出信号的指定状态
		WaitGI	等待一个组输入信号的指定值
		WaitGO	等待一个组输出信号的指定值
		WaitAI	等待一个模拟输入信号的指定值
		WaitAO	等待一个模拟输出信号的指定值
IO 模块的控制		IODisable	关闭一个 I/O 模块
		IOEnable	开启一个 I/O 模块

6.　通信功能

程序	功能	指令	说　　明
示教器上人机界面的功能		TPErase	清屏
		TPWrite	在示教器操作界面上写信息
		ErrWrite	在示教器事件日志中写报警信息并储存
		TPReadFK	互动的功能键操作
		TPReadNum	互动的数字键盘操作
		TPSHow	通过 RAPID 程序打开指定的窗口
通过串口进行读写		Open	打开串口
		Write	对串口进行写文本操作
		Close	关闭串口
		WriteBin	写一个二进制数的操作
		WriteAnyBin	写任意二进制数的操作
		writeStrBin	写字符的操作
		Rewind	设定文件开始的位置
		ClearIOBuff	清空串口的输入缓冲
		ReadAnyBin	从串口读取任意的二进制数
通过串口进行读写	ReadNum		读取数字量
	ReadStr		读取字符串
	ReadBin		从二进制串口读取数据
	ReadStrBin		从二进制串口中读取字符串
Sockets 通信		SocketCreate	创建新的 socket
		socketConnect	连接远程计算机
		socketSend	发送数据到远程计算机
		socketReceive	从远程计算机接收数据
		socketClose	关闭 socket
	socketGetStatus		获取当前 socket 状态

7.　中断程序

程序	功能	指令	说　　明
中断设定		CONNECT	连接一个中断符号到中断程序
		ISignalDI	使用一个数字输入信号触发中断
		ISignalDO	使用一个数字输出信号触发中断
		ISignalGI	使用一个组输入信号触发中断
		ISignalGO	使用一个组输出信号触发中断
		ISignalAI	使用一个模拟输入信号触发中断
		ISignalAO	使用一个模拟输出信号触发中断
		Itimer	计时中断
		TriggInt	在一个指定的位置触发中断
		IPers	使用一个可变量触发中断
		IError	当一个错误发生时触发中断
		Idelete	取消中断

续表

程序	功能	指令	说　明
中断的控制		ISleep	关闭一个中断
		IWatch	激活一个中断
		IDisable	关闭所有中断
		IEnable	激活所有中断

8. 系统相关的指令

程序	功能	指令	说　明
时间控制		ClkReset	计时器复位
		ClkStart	计时器开始计时
		ClkStop	计时器停止计时
	ClkRead		读取计时器数据
	CDate		读取当前日期
	CTime		读取当前时间
	GetTime		读取当前时间为数字型数据

9. 数学运算

程序	功能	指令	说　明
简单运算		Clear	清空数值
		Add	加或减操作
		Incr	加 1 操作
		Decr	减 1 操作
算术功能		Abs	取绝对值
		Round	四舍五入
		Trunc	舍位操作
		Sqrt	计算二次根
		Exp	计算指数值 ex
		Pow	计算指数值
		ACos	计算圆弧余弦值
		ASin	计算圆弧正弦值
		ATan	计算圆弧正切值[-90，90]
		ATan2	计算圆弧正切值[-180，180]
		Cos	计算余弦值
		Sin	计算正弦值
		Tan	计算正切值
		EulerZYX	从姿态计算欧拉角
		OrientZXY	从欧拉角计算姿态

附录 3 标准系统中使用的安全 I/O 信号

信号名称	说明	位值说明	应用范围
ES1	紧急停止，链 1	1 = 链关闭	从配电板到主机
ES2	紧急停止，链 2	1 = 链关闭	从配电板到主机
SOFTESI	软紧急停止	1 = 启用软停止	从配电板到主机
EN1	使动装置 1 和 1，链 2	1 = 启用	从配电板到主机
EN2	使动装置 1 和 2，链 2	1 = 启用	从配电板到主机
AUTO1	操作模式选择器，链 1	1 = 选择自动	从配电板到主机
AUTO2	操作模式选择器，链 2	1 = 选择自动	从配电板到主机
MAN1	操作模式选择器，链 1	1 = 选择手动	从配电板到主机
MANFS1	操作模式选择器，链 1	1 = 选择全速手动	从配电板到主机
MAN2	操作模式选择器，链 2	1 = 选择手动	从配电板到主机
MANFS2	操作模式选择器，链 2	1 = 选择全速手动	从配电板到主机
USERDOOVLD	过载，用户数字输出	1 = 错误，0 = 正确	从配电板到主机
MONPB	电机开启按钮	1 = 按钮按下	从配电板到主机
AS1	自动停止，链 1	1 = 链关闭	从配电板到主机
AS2	自动停止，链 2	1 = 链关闭	从配电板到主机
SOFTASI	软自动停止	1 = 启用软停止	从配电板到主机
GS1	常规停止，链 1	1 = 链关闭	从配电板到主机
GS2	常规停止，链 2	1 = 链关闭	从配电板到主机
SOFTGSI	软常规停止	1 = 启用软停止	从配电板到主机
SUPES1	上级停止，链 1	1 = 链关闭	从配电板到主机
SUPES2	上级停止，链 2	1 = 链关闭	从配电板到主机
SOFTSSI	软上级停止	1 = 启用软停止	从配电板到主机
CH1	运行链 1 中的所有开关已关闭	1 = 链关闭	从配电板到主机
CH2	运行链 2 中的所有开关已关闭	1 = 链关闭	从配电板到主机
ENABLE1	从主机启用（回读）	1 = 启用，0 = 中断链 1	从配电板到主机
ENABLE2_1	从轴计算机 1 启用	1 = 启用，0 = 中断链 2	从配电板到主机
ENABLE2_2	从轴计算机 2 启用	1 = 启用，0 = 中断链 2	从配电板到主机
ENABLE2_3	从轴计算机 3 启用	1 = 启用，0 = 中断链 2	从配电板到主机
ENABLE2_4	从轴计算机 4 启用	1 = 启用，0 = 中断链 2	从配电板到主机

信号名称	说明	位值说明	应用范围
PANFAN	控制模块中的风扇监控	1 = 正确，0 = 错误	从配电板到主机
PANEL24OVLD	过载，面板 24 V	1 = 错误，0 = 正确	从配电板到主机
DRVOVLD	过载，驱动模块	1 = 错误，0 = 正确	从配电板到主机
DRV1LIM1	限位开关后的链 1 回读	1 = 链 1 关闭	从轴计算机到主机
DRV1LIM2	限位开关后的链 2 回读	1 = 链 2 关闭	从轴计算机到主机
DRV1K1	接触器 K1，链 1 回读	1 = K1 关闭	从轴计算机到主机
DRV1K2	接触器 K2，链 2 回读	1 = K2 关闭	从轴计算机到主机
DRV1EXTCONT	外部接触器关闭	1 = 接触器关闭	从轴计算机到主机
DRV1PANCH1	接触器线圈 1 驱动电压	1 = 施加电压	从轴计算机到主机
DRV1PANCH2	接触器线圈 2 驱动电压	1 = 施加电压	从轴计算机到主机
DRV1SPEED	操作模式回读已选定	0 = 手动模式低速	从轴计算机到主机
DRV1TEST1	检测到运行链 1 中的 dip	已切换	从轴计算机到主机
DRV1TEST2	检测到运行链 2 中的 dip	已切换	从轴计算机到主机
SOFTESO	软紧急停止	1 = 设置软紧急停止	从主机到配电板
SOFTASO	软自动停止	1 = 设置软自动停止	从主机到配电板
SOFTGSO	软常规停止	1 = 设置软常规停止	从主机到配电板
SOFTSSO	软上级停止	1 = 设置软上级紧急停止	从主机到配电板
MOTLMP	电机开启指示灯	1 = 指示灯开启	从主机到配电板
ENABLE1	从主机启用 1	1 = 启用，0 = 中断链 1	从主机到配电板
TESTEN1	启用 1 测试	1 = 启动测试	从主机到配电板
DRV1CHAIN1	互锁电路信号	1 = 关闭链 1	从主机到轴计算机 1
DRV1CHAIN2	互锁电路信号	1 = 关闭链 2	从主机到轴计算机 1
DRV1BRAKE	制动器释放线圈信号	1 = 释放制动器	从主机到轴计算机 1

附录 4　操作快捷指南

1. 转数计数器更新（2.4.3 节）

手动操纵机器人各轴回到机械原点刻度位置→主菜单→校准→ROB_1→校准参数→编辑电机校准偏移→是→对比确认数据→确定→系统重启→转数计数器→更新转数计数器→是→ROB_1→确定→全选→更新→更新→确定

2. 示教器显示语言的设置（3.3.1 节）

主菜单→控制面板→语言→选择目标语言→确定→是→系统重启

3. 系统时间和日期的设置（3.3.2 节）

主菜单→控制面板→日期和时间→设置使用时间和日期→确定

4. 数据的备份与恢复（3.4 节）

主菜单→备份与恢复→备份当前系统/恢复系统

5. 创建工具坐标系（4.2.3 节）

主菜单→手动操纵→工具坐标→新建→设定工具数据属性→确定

6. "编辑"定义工具坐标系（4.2.4 节）

选中 toolx→编辑→定义→直接输入新的坐标值→确定

7. "六点法"定义工具数据（4.2.4 节）

Toolx→编辑→定义→选择 TCP 和 Z，X→确定→变换姿态选修改 6 个位置点→确定→编辑输入工具的质量 mass 和重心位置数据

8. 创建工件坐标系（4.3.2 节）

主菜单→手动操纵→工件坐标→新建→设定工具数据属性→确定

9. 定义工件坐标系（4.3.3 节）

编辑→定义→"用户方法"设定为"3 点"→手动操纵找到 X1、X2、Y1 点并修改位置→确定

10. 设定有效载荷（4.4.2 节）

主菜单→手动操纵→有效载荷→新建→初始值→根据实际有效载荷数据进行设定→确定

11. 选择动作模式（5.1.1 节）

主菜单→手动操纵→动作模式→选择所需模式→确定

12. 坐标系的选择（5.1.2 节）

主菜单→手动操纵→坐标系→选择合适的坐标系→确定

13. 手动操纵（5.2 节）

主菜单→手动操纵→动作模式→选择所需模式→确定→轻按使能器按钮→进入 "电机开启"状态→操作摇杆倾斜或旋转角度，控制机器人运动。

14. 标准 I/O 板的设定（6.2.1 节）

主菜单→控制面板→配置→DeviceNet Device→添加→填写参数→ 确定

15. 定义数字输入/输出信号（6.2.1 节）

主菜单→控制面板→配置→Signal→添加→填写参数→ 确定

16. 系统输入输出与 I/O 信号的关联（6.3.1 节）

主菜单→控制面板→配置→System Input（或 System Output）→添加→选择参数→确定

17. I/O 信号进行仿真/强制操作（6.4 节）

主菜单→输入输出→视图→I/O 设备→选择 I/O 板→信号

18. 新建数据（7.3.3 节）

主菜单→程序数据→视图→选择数据实例类型→显示数据→新建→设定数据参数→确定

19. 程序存储路径（8.2.1 节）

主菜单→FlexPendant 资源管理器

20. 新建/重命名/加载程序（8.2.2 节）

主菜单→程序编辑器→任务与程序→新建/重命名/加载程序

21. 新建例行程序

主菜单→程序编辑器→例行程序→文件→新建例行程序→设定参数→确定

参 考 文 献

[1] 许文稼，张飞，林燕文. 工业机器人技术基础[M]. 北京：高等教育出版社，2017.

[2] 叶晖. 工业机器人实操与应用技巧[M]. 北京：机械工业出版社，2010.

[3] 叶晖，何智勇，杨薇. 工业机器人工程应用虚拟仿真教程[M]. 北京：机械工业出版社，2014.

[4] 吕景全，汤晓华. 机器人技术应用[M]. 北京：中国铁道出版社，2012.

[5] 韩建海. 工业机器人[M]. 武汉：华中科技大学出版社，2009.

[6] 董春利. 机器人应用技术[M]. 北京：机械工业出版社，2015.

[7] 叶晖，管小清. 工业机器人实操与应用技巧[M]. 北京：机械工业出版社，2016.